羊生产与疾病防治

主编 李吉祥 张 浩 段俊红

北京理工大学出版社
BEIJING INSTITUTE OF TECHNOLOGY PRESS

图书在版编目(CIP)数据

羊生产与疾病防治／李吉祥，张浩，段俊红主编. —北京：北京理工大学出版社，2021.1

ISBN 978 - 7 - 5682 - 9386 - 0

Ⅰ.①羊…　Ⅱ.①李…　②张…　③段…　Ⅲ.①羊-饲养管理-高等职业教育-教材②羊病-防治-高等职业教育-教材　Ⅳ.①S826②S858.26

中国版本图书馆 CIP 数据核字(2020)第 263586 号

出版发行／北京理工大学出版社有限责任公司

社　　　址／北京市海淀区中关村南大街 5 号

邮　　　编／100081

电　　　话／(010)68914775(总编室)

　　　　　　(010)82562903(教材售后服务热线)

　　　　　　(010)68948351(其他图书服务热线)

网　　　址／http：//www.bitpress.com.cn

经　　　销／全国各地新华书店

印　　　刷／定州市新华印刷有限公司

开　　　本／787 毫米×1092 毫米　1/16

印　　　张／9.75　　　　　　　　　　　　　　　责任编辑／张荣君

字　　　数／185 千字　　　　　　　　　　　　　文案编辑／曾繁荣

版　　　次／2021 年 1 月第 1 版　2021 年 1 月第 1 次印刷　　责任校对／周瑞红

定　　　价／35.00 元　　　　　　　　　　　　　责任印制／边心超

编写人员名单

主　编： 李吉祥（铜仁职业技术学院）

张　浩（铜仁职业技术学院）

段俊红（铜仁职业技术学院）

编　委： 吴　强（铜仁职业技术学院）

杨玉能（遵义职业技术学院）

吴毕勇（毕节职业技术学院）

刘建军（铜仁市碧江区农牧科技局）

前 言

PREFACE

　　《羊生产与疾病防治》是畜牧兽医专业的专业核心课。本书是针对山羊生产、技术服务、山羊场经营管理等岗位所需的理论和技能编写而成。本书结合地方实际，由行业、企业专家参与编写，按照山羊生产工作过程所需的知识和技能，开发设计6个项目和具体的20个学习任务。

　　本书采用任务驱动的编写思路，围绕课程内容设定具体工作任务，在真实的任务情景下，将理论知识与实际应用紧密结合起来，引导学生边做边学，每完成一个学习任务，就能掌握相关知识和技能，增强学生的学习兴趣和自主学习的能力，提高教学效果。另外，本书配套教学视频，生动形象，能够充分激发学生的学习兴趣，满足其自主学习的需求。

　　本书由李吉祥、张浩、段俊红担任主编，负责教材的统筹工作。项目一由李吉祥和刘建军编写；项目二由张浩编写；项目三由段俊红编写；项目四由李吉祥和刘建军编写；项目五由吴强和吴毕勇编写；项目六由杨玉能编写。

　　在本书编写过程中，得到了铜仁职业技术学院各级领导的支持，铜仁市畜牧兽医局行业专家及铜仁市山羊养殖企业的技术人员为本书的编写也提出了许多宝贵的建议，在此表示衷心的感谢！同时恳切希望广大读者对书中的不足之处提出宝贵的意见和建议，以便修订时加以完善。

编　者

目录 CONTENTS

项目一 山羊场的规划与建设

📍 项目简介

　　本项目根据山羊的生活习性与生产方式，选择合适的场地对山羊场进行规划和布局设计，项目实施前带领学生参观各种典型特色的山羊场，并做讲解，设定山羊场规划设计和山羊场建设两个具体的学习任务，使学生掌握山羊场规划设计和山羊场建设的基本理论与操作技能。

任务一　山羊场规划设计

【任务介绍】

　　选择一个具体的地点建设山羊场，根据该地实际情况对山羊场进行规划和布局设计，同时按照标准场地建设山羊场并进行效果评价。

【知识目标】

　　1. 掌握山羊的生活习性与生产方式。

　　2. 掌握山羊场的场址选择和场地布局的基本知识。

【技能目标】

　　1. 掌握山羊场的场址选择。

　　2. 掌握山羊场的规划设计。

山羊的生活习性与生产方式

（一）山羊的生活习性

1. 爱干燥、恶潮湿

爱干燥、恶潮湿是所有山羊最突出的生活习性之一。这种习性在家养的山羊中有很强烈的表现。山羊需要饲养在干燥、向阳、空气流通的羊舍，适宜在凉爽高燥的丘陵山地生活。若将山羊饲养在湿润而闷热的地方，长期睡在没有羊床、潮湿的地面上，则发育不良，还会引起山羊的支气管炎、肺炎等疾病，有的常因重病而死亡。所以饲养山羊应尽可能把羊舍建在高燥的地方，为山羊架设羊床，保持羊舍干燥，这是为适应山羊爱干燥、恶潮湿习性的有效措施。在南方多雨潮湿的地方，这一措施更显重要。

2. 合群性强

山羊在长期的发展过程中形成了合群的习性，喜群居，如果单独饲养，往往使它表现不安。山羊的这种合群习性，对放牧很有好处，既方便管理，又利于放牧。

3. 活泼爱动

山羊的性情比绵羊活泼，行动敏捷，因此有"精山羊、疲绵羊"之说。山羊比较机灵，对外界条件反应比较敏锐，易于体会人的意图，在放牧中若有掉队或离群的山羊，牧工大喝一声，或者在其旁边掷一小石头，它便立即归队，所以，放牧组群可比绵羊大些。但在山羊中，公山羊胆大、顽皮且不服管，羔羊天性好动，举止不安，因此，在管理上也要充分注意这些特性，分别对待。

4. 抗病力强

山羊抗病力特别强，一般不易得病，即使得了病，在生病初期往往不易被人察觉，若一旦出现症状，则已比较严重了，所以应在饲养管理中留心山羊的动态，一有失常的山羊，就应赶快找病因，并及时治疗。

5. 适应性强

山羊能够很好地适应各种土壤、气候和饲料等条件，所以山羊是一种分布广、适应性强的家畜。按其在各种生态条件下的适应性来讲，山羊仅次于家犬。在热带、亚热带及干旱的荒漠、半荒漠地区，山羊比其他家畜可以更好地适应不良的生活环境。所以凡是饲养一般家畜的地区都能饲养山羊。

（二）山羊的饲养方式

长期以来，广大农牧民在山羊生产实践中积累了丰富的经验。贵州省山羊饲养，历来以小群散养为主，几户合牧。农区多为拴牧，舍饲极少，每户养羊数只，副业经营，一般仅在越冬、产羔期补给少许草、料，这种以放牧为主的低水平饲养已经不能满足现代化畜牧业发展的需要。

根据现在资源、市场、人员素质的发展前景，应向下述生产方式转变。

1. 适当规模的群牧生产

专业户羊群应保持 50~100 只存栏，商品率应达 50% 以上，并逐步做好营养水平与生产力平衡、饲养的季节平衡。

2. 季节性养羊

在耕地插花、草场面积零星无冬地区，可实行季节性养羊，即平时养几只母羊作为头羊，秋后购入 100~200 只去势羔羊放养，春播前全部出售，反复进行。充分利用资源，减少农牧矛盾。

3. 集约化舍饲育肥

当条件具备时进行集约化舍饲育肥，但在羔羊哺乳期和出售前适当补饲精料是划算的。加强饲养，提高营养水平的增重产肉效果比提高羊种遗传力更为显著。这一点在以增产羊肉为目标的生产上应很明确。

4. 充分利用杂种优势

贵州省当前山羊生产的主要目的是产肉，以后可增加乳用山羊的生产。不管肉用还是乳用，杂种优势的利用都是行之有效的生产捷径。

5. 建立种山羊繁殖基地，进行本品种选育

建立种山羊繁殖基地，进行本品种选育是保证羊群生产力不断提高的一个重要措施。应当在当地政府的规划安排和技术人员的具体指导下进行。专业户应积极参加品种选育工作。例如，统一体型外貌，提高繁殖力，加快早期生长发育，进行标准化生产饲养，草场建设等工作，使山羊生产向现代化方向发展。

 山羊场的场址选择

山羊场是山羊长期生活的地方，这个地方的环境条件是否适宜，布局是否合理，不仅直接关系到山羊的生存与发展，也直接影响到山羊的生产效益和效果，所以要认真做好山羊场场址的选择和布局。

山羊场的场址条件要保证山羊能生存、发展，而山羊生存和发展的主要条件是保持干燥，减少疾病传染，所以，山羊场的场址应选择地势高燥、平坦、有适当坡度、排水良好、向阳背风、地下水位低的地方。在平原地区选择山羊场，应将山羊场建在地势高的地方。若要建在田边，必须填高地基，开好排水沟，以保持地面干燥；在山区建山羊场，应在牧地山腰选建。

山羊场的选择还要有充足水源，用电方便，交通方便，但要远离居民点、车站、码头、牲畜市场、屠宰场，以减少疾病传染，保证健康。

山羊场还要考虑饲料基地，应有放牧地。土质以沙质土壤为好。黄土、黏土，牧民形容为"湿时一团糟，干时一把刀"，因此不宜作为山羊场的场地。

 三 山羊场的场地布局

山羊场场地布局要有利生产，有利山羊健康，因此生产区、生活区、产品加工区要分开设置；生产用的水塔应设在最高点；青贮塔、饲料仓库、饲料调制室应靠近生产区；病羊处理区应远离生产区。

任务二 山羊场建设

【任务介绍】

按照山羊场的规划布局，设计山羊舍、山羊床、饲槽、草架，用图表和文字加以描述。

【知识目标】

1. 掌握山羊舍、山羊床、饲槽、草架的建设要求。
2. 掌握山羊的降温、保健措施。
3. 掌握山羊基地建设。

【技能目标】

设计山羊舍、山羊床、饲槽、草架，用图表和文字加以描述。

 一 山羊场的建设

（一）山羊舍的建设要求

山羊舍是山羊长期生活的地方，它的主要作用是为山羊提供安全的环境条件，所以，一栋理想的山羊舍要有防雨淋、防太阳晒、防疾病传播、防野兽危害等功能。为此应根据山羊的生物学特性和当地自然条件，提出相应的建造要求。

（1）山羊舍应有足够面积，使山羊在舍内不太拥挤，可自由活动。一般要求每只山羊平均占有面积：种公山羊为 $1.2 \sim 1.5m^2$；成年母山羊为 $0.8 \sim 1.0m^2$；哺乳母山羊为 $2.0 \sim 2.5m^2$；幼龄公山羊和母山羊为 $0.5 \sim 0.6m^2$；阉山羊为 $0.6 \sim 0.8m^2$。这些面积标准是一般要求，在实践中可根据山羊的品种、数量和当地条件酌情增减。

（2）山羊舍外要有运动场，运动场的面积为山羊舍面积的 $2 \sim 5$ 倍。运动场围墙高度：小山羊为 1.5m；母山羊为 2m；公山羊为 2.2m。运动场内应架设饮水装置、草架、食槽等。

（3）高温多湿地区的山羊舍必须干燥、空气流通、光线充足、冬暖夏凉，为此应建设开敞式或半开敞式羊舍，舍内架设离地羊床，舍外应种植果树，以利于防暑、防湿和防病。

（4）山羊舍应有一定的高度。南方地区建山羊舍，防暑、防湿重于防寒，因此山羊舍应有适当高度，檐高 3m 为宜。

（5）屋顶要完全不透水，排水良好，能耐火耐用，要有一定坡度，除平顶和圆拱顶之外，若用树皮、瓦、草料做屋顶，分别需要有 15°、35°、50° 的坡度，以利于防水和排水。南方羊舍屋顶应着重于防暑，所以用水泥屋顶时应设隔热层。

（6）山羊舍地面要高出舍外地面 $20 \sim 30cm$，地面致密、坚实、平整、无裂缝、由里向外应有一定倾斜度，靠外面的低地处应开设排粪沟。

（7）门、窗、墙要坚固耐用。

（8）羊舍外边要建有盖粪池。

（二）山羊床的建设要求

在高温多湿地区，山羊舍要建造离地羊床，即修建楼台式羊床，以确保羊只健康，这是与干燥地区养山羊的不同之处。

山羊床建造应离地 $1.5 \sim 1.8m$。羊床可用水泥、木料、小竹做板条。用水泥板条，表面应光滑；用木料板条，必须结实、厚薄、宽窄要均匀，表面应刨平；用小竹板条，竹节应修平，粗细应一致。不论采用哪种板条材料，其羊床底板间隙以能使羊粪落下为原则，一般以 $1.0 \sim 1.5cm$ 为宜。过宽易使山羊脚踏入间隙，引起骨折；过窄羊粪难以落下，不利于羊床清洁卫生。

为了便于分群管理，在羊床上面可用 90cm 长的板条分成隔栏，隔栏的面积大小应根据羊群数量酌定。在每个隔栏的后壁开门，由隔门到地面架设梯桥，供山羊通往运动场。在隔栏的前面应架设饲槽，饲槽上面的隔栏板条间隙宜宽，以便使山羊头伸出采食。

山羊床的建造应注重实用性和实效性。材料应就地取材，以坚固、耐用、实用、勤俭、节约为原则。为方便山羊产羔，在种用山羊舍的一头应隔出一间供怀孕母山羊隔离产羔用。

（三）饲槽、草架、挤乳台的建造要求

山羊场的主要设备包括舍外的运动场，羊场附属房舍（饲料室、储藏室、挤乳室、人工授精室、工作室、夏季凉棚、兽医室等）、青贮窖、分群栏、药浴池、水井等；舍内的羊床、草架、饲槽、饮水器、母仔栏、羔羊补饲栏、挤乳凳等。

饲槽是山羊补料用的设备。山羊用的饲槽，可用水泥建成通槽，上宽下窄，槽底圆形，便于清洗；也有用木板制成可移动的饲槽。每个槽长 2~3m，每只山羊占槽长的 0.3~0.5m。若用固定的水泥饲槽，上宽 25cm，下宽 23cm，深 24cm；若用木制活动饲槽，上宽 15~17cm，下宽 13~15cm，深 8~10cm，表面光滑。

草架为联合式移动草架。它是长方形的联合结构，长 300cm，宽 90cm，高 105cm（其中底架高 23cm、草架高 82cm），每只山羊应占有草架 30~50cm。这种草架中间安放干草，两侧装有饲槽，既可放草，又可放料。

挤乳台是奶山羊场的专用设备。山羊挤乳台用木料制成，底板长 112cm，宽 48cm，底板表面光滑，底板距地面 40cm，在底板一端架设由地面到底板的梯桥，桥面用木条制成格状；另一端用木条架设隔栏，隔栏间隙以能使羊头伸出保定为原则。隔条长 120cm，在底部 40cm 处凿孔固定一端底板，另外用 40cm 长的木条固定另一端底板。

图 1-1 和图 1-2 所示分别为楼式羊舍和阁楼式羊舍示意图。

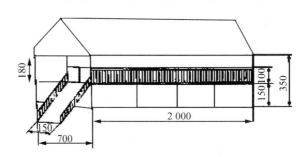

图 1-1 楼式羊舍示意图（单位：cm）

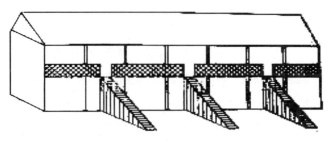

图 1-2 阁楼式羊舍示意图

（四）山羊的降温、保健措施

山羊性喜温暖，低于-26℃或高于38℃都会使其健康、生产力、繁殖力受影响。适宜生活的温度，成年山羊为5℃~21℃，相对湿度为50%~70%。我国南方夏季天气炎热，气温高，雨量多，湿度大。在高温多湿条件下饲养山羊，会出现采食量减少，体重减轻，产乳量下降，皮毛变差，皮质变薄，繁殖力下降的情况，因此，在高温季节，应采取降温措施，才会有利于山羊的生存。牧民常用的措施如下。

（1）将羊舍建在地势高、通风好的地方。面朝南或东南，使夏季的主导东南风转为穿堂风，有利于自然风带走羊舍内的热量，达到降温的目的。

（2）建造开敞式或半开敞式山羊舍。檐高应在3m以上。若用农村旧屋改建山羊舍，则应开设天窗和排气孔，在炎热的夏季应开窗，利用自然风，在屋顶架设隔热层，墙外壁粉刷白色涂料，以减少热量吸收，加速舍内热量散发。

（3）在羊舍内安装吊风扇；在运动场周边建遮阳棚；在羊舍周边种植果树。

（4）放夜牧；或者早出牧，晚收牧，中午在放牧场寻找遮阳地，就地休息；在山顶放牧或开阔地放牧；采用满天星的放牧队形，即在放牧地把山羊群散开，任其自由采食。

（5）毛皮山羊在夏季应剪毛降温。

 ## 二 山羊基地的建设

山羊基地在我国建设了不少，有的以饲养山羊为基础；有的以产品加工为龙头组织横向联系，带动周边千家万户农民从事山羊生产。实践证明，要建设山羊基地，应注意下列问题。

（1）要统一认识，树立商品生产观念。应破除农牧对立的观念、小农经济的观念、重数量轻质量的观念、重生产轻流通的观念；应树立以林草建设为基础、农牧结合挖潜力、科学技术求效益、乡镇企业搞突破的思想；应加强生态基础、商品基地、社会服务体系、科技队伍的建设；处理好当前和长远、局部与整体、开发与保护、生产与消费的关系。

（2）要深入调查，科学论证。要调查当地自然经济、社会资源的历史和现状；分析当前当地农牧资源的优势与劣势；论证建立山羊商品基地的必要性和可行性。

（3）要拟订方案，提出实施计划，做到有目标、有方向、有重点、有计划。应统筹安排，合理布局；应明确任务，分工协作；应点上试验、示范，面上推广，总结经验，以点带面，以面连片，形成"气候"和市场。

（4）应成立山羊商品基地建设领导班子和专业技术组，统一领导，分工负责，责任到人。

　　总之，山羊商品基地建设，一要靠领导重视；二要靠政策落实；三要靠科学技术；四要靠资金投入。在建设实践中，要注意发挥地区优势，突出重点，加强指导，疏通产销渠道。

项目二 山羊的品种与繁育

📍 项目简介

  本项目是了解各种山羊品种后，引进和选择适合的山羊品种，开展山羊的杂交改良和繁殖推广的工作。根据工作过程设定山羊的品种识别、山羊的选种与引种、山羊的选配与杂交改良和山羊的繁殖技术 4 个具体的学习任务，使学生掌握山羊品种和繁育的基本理论与操作技能。

任务一 山羊的品种识别

【任务介绍】

  收集各种类型的山羊品种图片和资料并能识别，描述主要的经济性能和特点。

【知识目标】

  1. 掌握山羊品种的经济类型及特点。
  2. 掌握主要山羊品种的经济性能和特点。

【技能目标】

  能识别主要的山羊品种，描述其经济性能和特点。

一 山羊品种的经济类型及特点

（一）我国饲养羊的类型

我国饲养的羊有绵羊和山羊两种类型。绵羊和山羊在动物分类上是不同属、不同种的两类羊。它们分别属于绵羊属—绵羊种与山羊属—山羊种。所以绵羊和山羊的区别主要表现在起源、外形、生理和习性等方面。

1. 起源区别

现在家养的绵羊和山羊都是由野生的绵羊和野生的山羊驯化而来的。野生绵羊称为盘羊，现有6种；野生山羊有捻角山羊等5种。

2. 外形区别

绵羊的额部较平，鼻梁骨突起，角呈螺旋形，横切面多呈方形，颌下无胡须，颈下有肉垂，尾长而垂，被毛细长而有弯曲，体型丰满；山羊的额隆起，鼻梁骨平直，角呈镰刀状，常常带有尖锐的前缘，角基靠拢较近，角的横切面呈三角形，颌下有胡须，颈下多肉垂，尾短小扁平与背部平行，被毛粗刚，无弯曲，体型消瘦。

3. 生理区别

绵羊有眼下腺、趾间腺、鼠蹊腺，肌肉与皮下脂肪组织发育较好，内部器官沉积脂肪少，不分泌癸酸膻气，红细胞比山羊少而直径大，性成熟晚，发情不明显，除湖羊之外均为季节性发情；山羊没有眼下腺、趾间腺、鼠蹊腺，肌肉与皮下脂肪组织发育较弱，内脏器官沉积脂肪多，发情时分泌癸酸膻气，红细胞较绵羊多且直径小，性成熟早，发情明显，发情不受季节限制，可四季配种繁殖（乳用山羊除外）。

4. 习性区别

绵羊温顺，不喜攀登，喜食细茎多叶的牧草，一般无角斗习惯；山羊精灵，性喜攀登，喜食幼嫩的灌木枝叶，好角斗。

由于绵羊与山羊有种间差异，因此饲养方式也有所不同。在生产实践中应将绵羊与山羊区分开来，按绵羊、山羊的不同特点给予不同的喂养方式和配种安排，才会取得好的效果，有助于养羊业的发展。

（二）山羊品种的经济类型与特点

在山羊生产实践中，按其经济用途来分，山羊品种有乳用型、肉用型、毛用型、绒用型、皮用型、兼用型等。

1. 乳用型山羊品种

这是一类以生产山羊乳为主的品种。乳用山羊的典型外貌特征是：具有乳用家畜的楔形体型，轮廓鲜明，细致紧凑型表现明显。产乳量高，乳的品质好。

2. 肉用型山羊品种

这是一类以生产山羊肉为主的品种。肉用山羊的典型外貌特征是：具有肉用家畜的"矩形"体型，体躯低垂，全身肌肉丰满，细致疏松型表现明显。早期生长发育快。产山羊肉量多，肉质好。

3. 毛用型山羊品种

这是一类以生产山羊毛（马海毛）为主的品种。毛用山羊的典型外貌特征是：全身披有波浪形弯曲，长而细的羊毛纤维，体型长呈圆形，背直，四肢短。产马海毛多，毛质好。

4. 绒用型山羊品种

这是一类以生产山羊绒为主的山羊品种。绒用山羊的外貌特征是：体表绒、毛混生，毛长绒细，被毛洁白有光泽，体大头小，颈粗厚，背平直，后躯发达。产绒量多，绒质好。

5. 皮用型山羊品种

这是一类以生产裘皮与猾子皮为主的品种。皮用山羊的外貌特征是：体表着生长短不一的、色泽有异的、有花纹和卷曲的毛纤维。青山羊具有"四青一黑"的特征；中卫山羊具有头型清秀、体躯深短呈方形的特征。这类山羊品种都以毛皮品质具特色而驰名于世。

6. 兼用型山羊品种

这是一类具有两种专有性能，既产肉又产乳或既产肉又产皮为主的山羊品种。兼用型山羊的外貌特征介于两个专用品种之间。体型结构与生理机能，既符合乳用型山羊体型，又具有早熟性、生长快、易肥的特点。这种山羊生产的肉质好，味道可口；生产的皮主要是板皮，质量好。

山羊的主要品种

（一）贵州白山羊

1. 贵州白山羊的分布和产区生态环境特点

贵州白山羊是一个优良的肉用山羊地方品种，主要分布在贵州的铜仁地区、遵义及黔东南州等40多个县市，数量在200万只以上。

贵州位于亚热带的季风气候地带，由于地势和地貌的影响，山地与河谷的气候差异较大。山羊分布地区，坡度较大（20°～30°），山体高大连绵，河谷切割幽深；或者山地连片，河流明伏相间。基岩裸露面积大，土层瘠薄，耕地小块，零星，分散。土地以红壤、黄壤、黄红壤为主。产区年平均气温为 13.7℃～17.4℃，1 月份的平均温度为 3℃～3.6℃，7 月份为 23.3℃～28℃，温度 ≥10℃ 的积温为 4008.7℃～5558.3℃，降雨量为 1000～1200mm，相对湿度为 79%，无霜期为 254～279 天，年日照时数为 919～1121h。

草场类型有灌丛草地和疏林草地等。地带性植被为亚热带常绿阔叶和常绿落叶混交林。主要树种有锥栗、槲栎、青杠、椿、楠木、枫、樟等。森林砍伐之后，有的地区出现马尾松林、稀疏柏树林及灌丛，主要灌丛植物有悬钩子、小果蔷薇、山柳、马桑、云实等；草本植被有类芦、白茅、野古草、扭黄茅、芒草等；菊科植物有紫菀、青蒿等；豆科植物有葛藤、胡枝子、三叶草、天蓝苜蓿等。主要农作物有水稻、小麦、玉米、甘薯等；主要经济作物为油菜和烤烟等。

2. 贵州白山羊的外貌特征

贵州白山羊的被毛以白色短毛为主，体型中等，绝大多数公羊和母羊都有角、有髯，角有两种形状：一种呈镰刀状，向后上方生长；一种为扁平角，向后向外生长。无角的占 2%～8%，人们称为"马头羊"或"马羊"。头较宽，额宽平，颈部较圆，少数母羊颈部有一对肉垂。胸部宽深，背腰平直，尻斜，四肢坚实，后躯比前躯高，体型近似长方形。

3. 贵州白山羊的生产性能

（1）肉用性能。贵州白山羊的屠宰率 1 岁为 44.71%，2 岁为 53.72%，3 岁为 56.02%，屠宰率较高，净肉率平均 37%。成年公羊体重为 32～38kg，成年母羊体重为 30～32kg。

（2）板皮品质。贵州白山羊的板皮质地紧密、细致、拉力强，板幅也较大，出口换汇率高，是重要的外销物资。板皮面积平均 5105（4000～6000）cm^2，板皮上留有头皮和尾皮，与其他品种的山羊皮有明显区别。

贵州白山羊的屠宰季节多在秋末羊只膘肥时，绝大部分的板皮都是冬皮，在晾晒上，多为阴干，质地较好。

4. 贵州白山羊的繁殖性能

贵州白山羊性成熟年龄较早，2 月龄的公羔和 4 月龄的母羔就有性行为表现。一般公羊半岁后就开始配种，母羊 7 月龄以后交配。贵州白山羊的母羊终年发情，但以春、秋为主要发情季节。发情周期平均 20 天，持续时间 2 天，妊娠期 150 天左右。有的母羊 1 年产 1 胎，但多数为 2 年 3 胎，也有年产 2 胎的。年产羔率为 274%。羊只的繁殖率以 2～7 胎为高，6 岁以后繁殖率下降。繁殖成活率为 80%～88%。公羊的主要繁殖年龄习惯上为 8～18 月龄，18 月龄以后，公羊便膻味浓厚且不便管理，牧民不愿意保留，因而多去势育肥肉用，故年龄 2 岁以上的公羊在贵州白山羊中比较少见。

图 2-1 所示为贵州白山羊。

图 2-1 贵州白山羊

（二）贵州黑山羊

1. 贵州黑山羊的分布

贵州黑山羊是一种优良的肉用山羊品种。主要产于贵州毕节、六盘水、安顺地区及黔西南、黔南州的大部分县市，历史悠久，总数达 60 万只以上。因环境各地差异大而羊品质差异也大，以产于南部亚热带罗甸、望谟、紫云等县的山羊品质最好。

2. 贵州黑山羊的外貌特征

贵州黑山羊的被毛以黑色短毛为主。外貌清秀，腿较高，公羊和母羊大部分有角，向同侧外扭曲生长，性情灵敏好动，游走能力强。

3. 贵州黑山羊的生产性能

贵州黑山羊的成年公羊体重为 50~60kg，成年母羊体重为 40kg。屠宰率为 52%，净肉率为 35%。羊肉具有膻味很轻、脂肪少、多汁味美的特点。

4. 贵州黑山羊的繁殖性能

贵州黑山羊性成熟较早，一般 4~5 月龄有性行为表现，初配年龄一般为 7~8 月龄，1 年 2 胎或 2 年 3 胎，年产羔率平均 300%，年繁殖成活率达 272%。

图 2-2 所示为贵州黑山羊。

图 2-2 贵州黑山羊

（三）成都麻羊

1. 成都麻羊的分布和产区生态环境特点

成都麻羊是我国优良的地方品种，原产于我国四川盆地西部平原及四周的丘陵和低山地区，产区为农区，有川西粮仓之称，产区数量在 10 万只以上。该羊在贵州黔北分布较多，数量在 20 万只以上，也称为黔北麻羊。产区属亚热带气候，温暖而湿润，雨量充沛，年平均气温为 16℃，年降雨量为 900~1010mm，雨季为 7—9 月，相对湿度为 82%~88%，春季多阴雨，夏季多雾，水草丰盛，四季常青，是饲养山羊的好地方。

2. 成都麻羊的体型外貌

成都麻羊全身被毛呈棕红色，色泽光亮，为短毛型。体躯上有两处异色毛带，一处是从两角基中部沿颈脊、背线延伸到尾根有一条纯黑色毛带，沿两侧肩胛经前臂至蹄冠又有一条黑色毛带，公山羊黑色毛带较宽，母山羊黑色毛带较窄，两条黑毛带在鬐甲部交叉构成十字架。另一处异色毛带在面部，即从角基部前缘，经内眼角沿鼻梁两侧至四角各有一条纺锤形浅黄色毛带，左右对称，形似画眉鸟状。为此当地群众描述成都麻羊为"红铜色、画眉眼、十字架"。

成都麻羊的公山羊、母山羊大都有角，一般公山羊角粗大，向后方弯曲再向两侧扭转，母山羊角短小，多呈镰刀状。公山羊及大多数母山羊均有须。头部中等大，两耳侧伸，额宽而微实，鼻梁平直，颈部长短适中，背腰平直宽，尻略斜，四肢粗壮，蹄质坚实呈黑色。乳房发育良好，呈球形，体型清秀，略呈楔形。成年公山羊体重为 43.02kg±1.71kg，成年母山羊体重为 32.62kg±0.16kg。

3. 成都麻羊的生产性能

成都麻羊主要生产山羊肉，成年羯羊屠宰率为 54%，净肉率为 38%，羊肉品质好，肉色红润，脂肪分布均匀。产乳性能较高，一个泌乳期 5~8 个月，产乳量为 150~250kg，含脂率在 6% 以上，干物质也较高。

成都麻羊也生产板皮，板皮品质好，质地柔软，弹性好，为优质革皮原料。

4. 成都麻羊的繁殖性能

成都麻羊性成熟早，一般为 3~4 月龄，在 8~10 月龄可初配，1 年 2 产或 2 年 3 产，产羔率为 210%。具有肉、乳、板皮都有利用价值，繁殖率高，遗传性稳定的特点。

图 2-3 所示为成都麻羊。

图 2-3 成都麻羊

（四）南江黄羊

1. 南江黄羊的产地分布及培育过程

南江黄羊原产于四川省南江县，地处大巴山区，境内群山起伏，牧草资源丰富，群众素有饲养山羊的习惯，南江黄羊是在海拔 800~1500m 的自然环境条件下选育而成的。它是选用四川铜羊、努比羊为父本，用金堂黑山羊、本地山羊为母本，进行品种杂交，在后代中按科学选育方法选择优秀个体，按不同生产类型开展自群繁育，是我国培育出的第一个山羊肉用新品种。

目前，南江黄羊已发展到 7 万多只，除四川之外，在河南、福建、甘肃、贵州等许多省都有饲养，在各地繁殖，用来改良当地山羊，效果都很好。

2. 南江黄羊的特性

南江黄羊被毛黄褐色，体格高大，产肉多，具有很强的适应性。食性广，牧草、竹类、藤蔓和灌木都是采食的范围，善于登高走险，有非凡的采食本领。具有耐粗放饲养管理的特点，特别适合放牧饲养。

3. 南江黄羊的生产性能

南江黄羊生长发育快，有较强的生长优势，周岁公羊体高 62cm，体长 66cm，体重 33kg；周岁母羊体高 58cm，体长 61cm，体重 29kg。成年公羊体高 72cm，体长 78cm，体重 60kg；成年母羊体高 67cm，体长 72cm，体重 45kg。成年公羊比本地羊重 30kg，成年母羊比本地羊重 15kg。

南江黄羊肉用性能好，阉割后肉羊饲养 8~10 个月体重可达到 25kg，这时屠宰经济效益最好。饲养 1 年可达 30kg，饲养 2 年成年肉羊体重可达 54kg。在 8 月龄、周岁、成年，胴体重分别为 12.5kg、15kg、26kg，分别可获得净肉 10kg、12kg、21.6kg。南江黄羊眼肌面积大，瘦肉率高，膻味轻，肉质细嫩，营养丰富。

南江黄羊皮张面积大，成年羊皮面积 800cm²，相当于 2~3 张本地山羊的皮。皮张质地结实，厚薄均匀，坚韧性好，拉力较强，是我国山羊板皮中出口的上乘产品，深受各制革厂家的欢迎。

4. 南江黄羊的繁殖特点

南江黄羊性成熟早，公羊 8 月龄、母羊 6 月龄就可配种繁殖，春秋季节是配种的高峰期。繁殖力强，母羊年产 1.8 胎，一胎多羔，羔羊初生重可达 2.5kg，平均产羔率为 220%。母羊性情温和，母性强，乳汁充足，哺育率达 90% 以上。

图 2-4 所示为南江黄羊。

图 2-4　南江黄羊

（五）波尔山羊

1. 波尔山羊的产地及分布

波尔山羊是世界著名的大体型肉用山羊品种，20 世纪初在南非培育而成，并分布在澳大利亚、新西兰、美国、加拿大、荷兰、德国、坦桑尼亚、肯尼亚、斯里兰卡等国，我国于 1995 年 3 月从德国引进，饲养在陕西咸阳市郊和江苏省溧水县。贵州省从 1998 年引进，现在铜仁、黔东南等各地州市均有饲养，已作为改良提高贵州省山羊生产性能的主要品种。

2. 波尔山羊的体型外貌

波尔山羊具有优秀肉用型体型，体躯结实健壮，宽阔丰满，呈长方形。头粗壮，耳大而长，眼大而柔和，前额明显隆起与向后弯曲的粗壮圆角弧度相连。公羊和母羊均有角，公羊角宽，向外弯曲，母羊角小而直立。颈粗壮，背宽平直，后躯发育好，肌肉丰满，四肢较短。全身被毛白色，头、耳棕色，在额中线至鼻端有一条白色毛带，皮肤松软有皱褶，公羊皱褶更多。成年公羊体重在南非平均为 84.5kg，最大为 90kg；在新西兰为 145kg；在加拿大为 105～135kg；在我国陕西为 95～110kg。成年母羊体重在南非平均为 75.5kg，最大为 80kg；在新西兰为 90kg；在加拿大为 90～100kg；在我国陕西为 65～70kg。

3. 波尔山羊的生产性能

波尔山羊主要生产山羊肉，以体型大，肉用型体型好，产肉性能高，肉质细嫩、味美，繁殖率高，多胎多羔，适应性强为特点驰名于世界。据南非测定，羔羊初生体重平均为 4.15kg；100 日龄断乳至 270 日龄山羊，平均日增重 200g，屠宰率为 56.2%，体脂占 18.31%，骨肉比为 1∶4.71，胴体重的净肉率为 48%，其中瘦肉占 68%。

4. 波尔山羊的繁殖性能

波尔山羊 6 月龄性成熟，168 日龄公羊可配种。1 年产羔 2 次或 2 年产羔 3 次，平均产羔率为 207.8%，单羔率为 7%，双羔率为 65%，三羔率为 26%，四羔率为 2%，羔羊成活率在 90% 以上，生育期达 10 年左右，母山羊母性强，泌乳性能好。

图 2-5 所示为波尔山羊。

图 2-5 波尔山羊

（六）雷州山羊

1. 雷州山羊的产区分布及生态环境特点

雷州山羊是我国广东省以产肉、板皮而著名的地方山羊品种，原产于雷州半岛一带，因此而得名。雷州山羊是广东省山羊品种资源群体数量较大的一个。全省各地都有零星饲养，越南等国也曾有过引种。雷州半岛的徐闻县为中心产区，产区数量在 30 万只左右。

雷州半岛位于我国广东省最南端，海拔 26.4m，属坡伏状台地区，地势平缓。该半岛属于热带范围，年平均温度 23.2℃左右；雨量充沛，年降雨量为 1400mm，以 8—9 月降雨最多；湿度大，年平均相对湿度为 84%，以 3 月份为最高，达 92.9%；光热资源丰富。该半岛牧草繁茂，到处有浓绿的灌木林，大部分为丘陵地带，有不少的大片草坡，极适于养山羊。加上当地群众一向有养山羊的习惯，经验丰富，是广东省著名的山羊基地之一。

2. 雷州山羊的外貌特征

雷州山羊毛色多为黑色，角蹄则为褐黑色，也有少数为麻色及褐色。麻色山羊除被毛黄色之外，背浅、尾及四肢前端多为黑色或黑黄色，也有在面部有黑白纵条纹相间，或者腹部及四肢后部呈白色的。

雷州山羊面直，额稍凸，公羊和母羊均有角，公羊角粗大，角尖向后方弯曲，并向两侧开张，耳中等大，向两边竖立开张，颔下有髯。公羊颈粗，母羊颈细长，颈前与头部相连处角狭，颈后与胸部相连处逐渐增大。背腰平直，乳房发育良好，多呈球形。

产区人们根据体型将雷州山羊分为高脚种和矮脚种两个类型。矮脚种多产双羔；高脚种多产单羔。人们喜欢矮脚种。

成年公羊平均体重为 54.1kg，成年母羊平均体重为 47.7kg，成年阉羊平均体重为 50.8kg。

3. 雷州山羊的生产性能

雷州山羊的屠宰率为 50%~60%，肉味鲜美，纤维细嫩，脂肪分布均匀，膻味小。雷州山羊板皮具有皮质致密、轻便、弹性好、皮张大的特点。熟制后可染成各种颜色。

4. 雷州山羊的繁殖性能

雷州山羊性成熟早，4 月龄即可性成熟，11~12 月龄即可初配，产羔率为 150%~200%。具有繁殖力强、适应性强、耐粗饲、耐湿热等特点。

图 2-6 所示为雷州山羊。

图 2-6　雷州山羊

（七）马头山羊

1. 马头山羊的分布及产区生态环境特点

马头山羊是我国湖南、湖北两省的优良肉用山羊品种，它是一个闭锁的自群繁殖的群体，没有受过外来品种的影响，是在当地生态环境条件下经过长期的自然和人工选择培育成的。产区数量达 25 万只左右。

产区属山区，万山重叠，地势高峻，地形复杂，海拔在 1000m 以上。产区属于亚热带山地季风气候，具有大陆性气候的特点，年平均气温为 15℃～16.8℃，年降雨量为 800～1600mm，降雨多集中于春、夏两季，以 5 月最多。产区气候温和，雨量充足，无霜期长，草山广阔，牧草繁茂，四季常青，是饲养马头山羊理想的地方。

2. 马头山羊的外貌特征

公羊和母羊均无角，体躯较大，呈长方形，结构匀称，骨骼结实。头形似马，两耳向前略下垂，有须，头颈结合良好，胸部发达，四肢坚强有力，蹄壳坚实。皮厚而松软，毛较稀，无绒毛，被毛以白色为主，间有黑色和麻色，在颈下和后大腿部及腹侧长有长的粗毛。成年公羊体重为 44kg，成年母羊体重为 34kg，成年阉羊体重为 100kg。

3. 马头山羊的生产性能

马头山羊主要用于生产山羊肉，可供生产肥羔。生后 2 月龄断乳的羯羔，在放牧和补饲条件下，7 月龄体重可达 23.3kg，胴体重 10.52kg，脂肪重 1.68kg，屠宰率为 52.34%。成年阉羊屠宰率为 60% 左右，在放牧条件下，净肉率为 32.23%～32.26%，在补饲条件下为 34.47%～36.13%，肉质细嫩，脂肪分布均匀，膻味小。

马头山羊的板皮品质好，质地柔软，皮质洁白，弹性好，面积大，平均每张皮面积可达 5700 cm^2。

4. 马头山羊的繁殖性能

马头山羊一般在 4~5 月龄性成熟，10 月龄左右可初配，多产双羔，产羔率 200%。

马头山羊具有体质结实，外形一致，性情温顺，采食性强，耐寒耐热，易于饲养，产肉率高，肉质好，屠宰率高，成熟早，净肉率高的特点，是我国山羊品种资源中的一个优良的肉用型品种。

图 2-7 所示为马头山羊。

图 2-7　马头山羊

（八）萨能山羊

1. 萨能山羊的产地及分布

萨能乳用山羊是世界著名的乳用山羊品种，原产于瑞士西部伯鲁县萨能山谷地区，世界各地都有分布。我国于1904年前后引入，全国各地都有饲养，是我国乳用山羊开发的一个主要引入品种，贵州省也有饲养。

2. 萨能山羊的外貌特征

萨能奶山羊在外貌特征上具有"楔形"体型。轮廓明显，细致紧凑型表现明显。全身被毛白色。从外形来看，呈现出头长、颈长、躯干长及腿长的特征。鼻直额宽，耳薄而长并向前方平伸，公羊和母羊均有须，一般都无角，有角者极少，部分萨能奶山羊颈下两侧有肉垂（有无角及肉垂并非本品种特征，不能以此来判断是否为萨能山羊纯种），母山羊颈扁而长，公山羊颈短而粗，姿势雄伟，鬐甲略高，背平，胸部宽深，肋骨拱圆，腰长腹大，尻部稍倾斜，优良的个体毛细短，皮肤薄而柔软，乳房发育良好，乳头长短适中，四肢结实。成年公山羊体重75~100kg，成年母山羊体重50~65kg。

3. 萨能山羊的生产性能

萨能山羊在生产性能上以产乳量高而著称于世。年平均产乳量为600~1200kg，个体最高产乳量为3080kg。含脂率为3.8%~4%。产羔率为160%~220%。

萨能奶山羊适应性强，产乳量高，遗传性强，繁殖力强，用于改良各地土种山羊效果显著，适合农家饲养。

萨能奶山羊皮下脂肪少，被毛稀疏，绒毛少，因而怕寒冷。萨能奶山羊原产地气候干燥、凉爽，因而也不耐湿，只适合饲养在地势高、干燥、冬季气温不低于-26℃、夏季气温不超过38℃的地区。

图 2-8 所示为萨能山羊。

图 2-8 萨能山羊

（九）吐根堡奶山羊

1. 吐根堡奶山羊的产地及分布

吐根堡奶山羊是世界著名的乳用山羊品种，原产于瑞士北部森特格林县吐根堡山谷地区，世界各地都有分布，尤其以英国、美国、法国、奥地利、荷兰及非洲等国为多。我国早有引入饲养，以四川、山西饲养较多，贵州省也曾有引入饲养。

2. 吐根堡奶山羊的体型外貌特征

吐根堡奶山羊具有乳用奶山羊所特有的"楔形"体型。公山羊和母山羊一般都无角，颈部有两个肉垂，公山羊体躯较大，头额宽大，母山羊皮薄骨细，颈长，乳房发育好、大而柔软、富有弹性，四肢长，蹄壁蜡黄色。体躯大部分覆盖着褐色被毛，四肢下部、腹部及尾部两侧为白色，耳部毛色浅，顺着颜面两侧各有一条灰白色条纹，鼻端为淡黄色。成年公山羊体重 55~65kg，母山羊体重 45~50kg。

3. 吐根堡奶山羊的生产性能

吐根堡奶山羊在生产性能上主要用于产乳。吐根堡奶山羊一个泌乳期可达 8~10 个月，平均产乳量为 600~1200kg。在瑞士的泌乳期为 281 天，平均产乳量为 685kg，高产个体达 1511kg；在美国平均产乳量为 921kg，个体最高产乳记录为 2608kg。含脂率为 3.3%。

吐根堡奶山羊由于被毛褐色，抗光照的能力比白色被毛的强，因此对热带气候条件能适应。

吐根堡奶山羊产乳量高、耐炎热、耐粗饲，适应性强，遗传性强，体质结实，性情温顺，与其他山羊杂交，都能表现出特有的毛色和较高的产乳性能，膻味较其他山羊小。

图 2-9 所示为吐根堡奶山羊。

图 2-9 吐根堡奶山羊

（十）关中奶山羊

1. 关中奶山羊的分布及产区生态环境特点

关中奶山羊是我国用萨能奶山羊和吐根堡奶山羊与当地山羊杂交育成的一个乳用山羊新品种，主要分布在我国陕西省渭河平原（关中平原）而得名。以富平、三原、铜川等县市数量最多。现有数量 70 多万只，其中符合品种标准的约有 10 万只。关中地区是渭河、泾河、洛河的冲积平原，海拔 360~800m，属于大陆季风气候，年平均气温 12℃~14℃，极端最高气温 39℃~42℃，极端最低气温-21℃~-15℃，年降雨量 540~750mm，多集中在 7—9 月，相对湿度为 72%。

2. 关中奶山羊的体型外貌

关中奶山羊四肢结实，肢势端正，蹄质坚强，乳用家畜的"楔形"体型明显。头长清秀，鼻直，口方，眼大，耳长而直。母羊颈长，胸宽，背平，腰长，腹大而不下垂，尻部宽长，多斜尻，乳房大，多为方圆形，质地柔软，乳头对称，大小适中。公羊头大颈粗，胸部宽深，背腰平直，腹部紧凑，外形雄伟，睾丸发育良好。蹄壁蜡黄色。被毛白色，皮肤粉红色，部分羊头部、耳、鼻、唇、乳房等皮肤上有大小不等的黑斑，老龄更甚。大多数山羊无角，有髯，有的有肉垂。成年公羊体重为 85~100kg，成年母羊体重为 50~55kg。

3. 关中奶山羊的生产性能及繁殖特点

关中奶山羊主要用于泌乳。一个泌乳期 6~8 个月，产乳量 400~700kg。含脂率在 3.5%左右。

关中奶山羊母羊性成熟期 4~5 月龄，一般 1 岁左右配种，秋季发情，产羔率 160% 左右。

关中奶山羊，体质结实，乳用型明显，产乳性能好，适应性强，耐粗饲，抗病力强，因此是一个颇有前途的培育品种，已推广除台湾地区以外其他各省区。

图 2-10 所示为关中奶山羊。

图 2-10　关中奶山羊

（十一）中卫山羊

1. 中卫山羊的分布及产区生态环境特点

中卫山羊又称为沙毛山羊，是我国特有的裘皮用山羊品种，裘皮品质驰名世界。产于我国宁夏回族自治区中卫县的香山地区。产区数量 30 余万只。产区多为石山，地势高峻，深沟纵横，海拔 1300~2356m。四季气候特点是："春季风沙能遮天，夏旱天热草半干，秋多雷雨山洪急，冬寒积雪封高山"。年平均气温 8℃~9℃，年降雨量 200mm 左右，集中在 7—9 月。

2. 中卫山羊的体型外貌

中卫山羊被毛分为内外两层，外层为粗毛，由浅波状弯曲的真丝样光泽的两型毛和髓毛组成；内层由柔软纤细的绒毛和微量银丝样光泽的两型毛组成。被毛以纯白色为主，也有少数全黑色。成年羊头部清秀，面部平直，额部丛生一束长毛，颌下有长须，公羊和母羊均有角，呈镰刀形。中等体型，体躯短、深，近似方形。背腰平直，体躯各部结合良好，四肢端正，蹄质结实。公羊前躯发育好，母羊后躯发育好。成年公羊体重为 30~35kg，成年母羊体重为 20~30kg。

3. 中卫山羊的生产性能和繁殖特点

中卫山羊盛产花穗美观、色白如玉、轻暖、柔软的沙毛皮而驰名中外。沙毛皮是宰杀出生后 35 日龄的羔羊所剥取的毛皮。沙毛皮有黑、白两种，白色居多，黑色毛皮油黑发亮。沙毛皮具有保暖、结实、轻便、美观、穿着不赶毡的特点。毛股长 7~8cm，多弯曲，弯曲的波形有两种：一种是正常波形；另一种是半圆形。

中卫山羊还产绒、粗毛。成年公羊产绒量为 160～200g，成年母羊产绒量为 140～190g；公羊和母羊产粗毛量分别为 400g 和 300g。

中卫山羊所产山羊肉细嫩，脂肪分布均匀，膻味小。羯羊屠宰率平均为 44.8%。中卫山羊在 6 月龄性成熟，1.5 岁配种，产羔率为 103%。

中卫山羊具有耐粗饲、耐湿热、对恶劣环境条件适应性好、抗病力强、耐渴性强的特点。有饮咸水、吃咸草的习惯。

图 2-11 所示为中卫山羊。

图 2-11　中卫山羊

（十二）济宁青山羊

1. 济宁青山羊的分布及产区生态环境特点

济宁青山羊是我国著名的羔皮（猾子皮）山羊品种，原产于我国山东省西南部菏泽和济南两地区。产区数量达 300 余万只。产区除部分地区有零星山丘之外，均为黄河冲积平原及洼地。地势西高东低，略有起伏。海拔 50m 左右，为大陆性气候，年平均温度 13.2℃～14.1℃，年降雨量 650～820mm，平均相对湿度为 68%。当地为农区，养山羊为舍饲或全放牧。

2. 济宁青山羊的体型外貌

济宁青山羊体型小，人们称为"犬羊"。被毛特征是"四青一黑"，即背毛、嘴唇、角和蹄皆为青色，前膝为黑色。被毛由黑色毛与白色毛混生，因黑白比例不同，故分为正青色、铁青色、粉青色，以正青色居多。按被毛的长短和粗细，可划分为 4 个类型，即细长毛型（毛长 10cm 以上）、细短毛型、粗长毛型、粗短毛型，以细长毛型为多，所产猾子皮品质好。

济宁青山羊体躯结实紧凑。公羊和母羊均有角，有须，额部都有卷毛，耳向前向外延伸。公羊颈部短粗，前躯发达；母羊颈部细长，后躯发育良好，四肢结实。成年公羊体重为 30kg，成年母羊体重为 26kg。

3. 济宁青山羊的生产性能及繁殖特点

济宁青山羊主要生产猾子皮，即羔羊生后 1～2 天屠宰剥取的皮。这种猾子皮具有天然色彩和花形，皮板轻，美观。猾子皮花形有波浪形、流水形、片花和隐暗花及平花等，以波浪形状花为最好。被毛具丝光。每张皮面积 800～1000cm²。

济宁青山羊初配年龄为 6 月龄，年产 2 胎，每胎产多羔，产羔率平均为 293.65%。济宁青山羊具有多胎多羔、体型小、合群性差、耐粗饲、性情温顺、适应性强等特点。有喜吃吊草的习惯。

图 2-12 所示为济宁青山羊。

图 2-12　济宁青山羊

（十三）辽宁绒山羊

1. 辽宁绒山羊的分布及产区生态环境特点

辽宁绒山羊是我国著名的绒用山羊品种，原产于我国辽宁省辽东半岛的盖县等地区。产区数量有 15 万余只。产区属于暖温带湿润区，年平均气温为 7℃～8℃，年降雨量为 700～900mm，年平均相对湿度为 65%～71%。境内地势复杂，山地、河谷及小型平原相互交错，零星牧地遍及全区，牧草繁茂，种类多，并有很多灌木丛，是饲养山羊的好地方。

2. 辽宁绒山羊的体型外貌

辽宁绒山羊体型较大，体质结实，结构匀称。公羊和母羊都有角，公羊角特别发达，向两侧平直伸展。颈宽厚，背平直，后躯发达，四肢粗壮。成年母羊乳房发育好。辽宁绒山羊全身绒毛混生，毛长绒细，被毛洁白，有光泽。成年公羊体重为 51.56kg±1.13kg，成年母羊体重为 44.85kg±0.81kg。

3. 辽宁绒山羊的生产性能及繁殖特点

辽宁绒山羊主要用于生产山羊绒。产绒量高，绒密、细长、有丝光，成年公羊平均产绒量为 540g，最高个体产绒量为 1375g；母羊平均产绒量为 470g，最高个体产绒量为 1025g。山羊绒的自然长度为 6.5cm，伸直长度公羊和母羊分别为 10.09cm 和 9.12cm。公羊绒细度为 16.47μm±2.78μm，母羊绒细度为 17.10μm±2.78μm。净绒率在 70% 以上。

辽宁绒山羊粗毛产量，公羊为 650g，母羊为 570g。产肉性能好，公羊屠宰率为 51.15%，净肉率为 39.73%；母羊屠宰率为 49.28%，净肉率为 42.87%。

辽宁绒山羊在 5 月龄性成熟，18 月龄为初配年龄，产羔率 110%～120%，羔羊成活率在 95%以上。

辽宁绒山羊具有生产性能高、体型大、结实、遗传性能较稳定、耐粗饲、适应性和合群性都强、性情温顺等特点。

图 2-13 所示为辽宁绒山羊。

图 2-13　辽宁绒山羊

（十四）安哥拉山羊

1. 安哥拉山羊的分布及产区生态环境特点

安哥拉山羊是世界上著名的毛用山羊品种，原产于土耳其安卡拉（旧称安哥拉）地区。在土耳其主要饲养在中央安纳托利亚高原，海拔 800～1200m，气候干燥，夏季气温达 30℃，冬季最低-20℃，年平均降雨量 300～400mm，土层瘠薄，牧草稀疏，主要为蒿属植物和一些沙生植物。安哥拉山羊适应半干旱条件，最怕潮湿。

2. 安哥拉山羊的体型外貌

安哥拉山羊全身被毛为白色，杂色极少。公羊和母羊都有角，公羊角大，长 38～50cm，向后向外上方伸延，扁平；母羊角小，长 20～25cm。颜面平直，唇端或耳缘有深色斑点，耳大下垂，颈部细短，体躯窄，骨骼细。被毛长，呈波浪状，具有丝光。成年公羊体重为 45～50kg，成年母羊体重为 30～35kg。

3. 安哥拉山羊的生产性能及繁殖特点

安哥拉山羊主要生产山羊毛，国际市场上称为马海毛。具有产毛量多，毛长、毛细、净毛率高，有丝光，弹性好的特点。公羊年剪毛量为 4.5～6.0kg，最高可达 9kg；母羊年剪毛量为 3～4kg，最高可达 7kg。平均毛长为 30.5cm，毛细度一般为 18～40 支（支数即纱线细度，支数高，纱细），细毛可达 44～46 支，净毛率为 65%～75%，也有高达 83%～85%。安哥拉山羊肉质好，富含营养。

安哥拉山羊性成熟晚，一般1.5岁配种，繁殖率低，大多数山羊产单羔，双羔率仅5%~10%，在草原放牧条件下，羔羊成活率为80%。

安哥拉山羊性情温顺，适应性强，产毛量多，毛质好，耐高寒，但繁殖率低，羔羊成活率低。

图2-14所示为安哥拉山羊。

图2-14 安哥拉山羊

三 山羊饲养业概况

山羊是很早以前由野山羊驯化而来的，根据一些考古学者的研究和出土文物、洞窟壁画等证明，远在7000年前的新石器时代，在中亚细亚山羊已被驯化为家畜。这说明，我国饲养山羊的历史很悠久。

我国是一个多高原和多山地的国家，从地势上来看，海拔500m以上的地面约占全国土地面积的80%以上，仅东部地区地势在500m以下，而这些地区也多丘陵起伏。高原、山地和丘陵合计占全国土地面积的66.1%，其中，高原占10.9%，山地占43.5%，丘陵占1.7%。全国平原面积占33.9%。山羊是分布范围最广的家畜，在不同海拔、不同气候条件、不同经济类型区域皆有分布，但多集中在坡度较大和灌木较多的山区，牧区多集中在气候干旱和天然草场稀疏的荒漠地区，在平原农区采取舍饲和拴牧，牵放饲养。山羊的生活力很强，嘴尖唇薄，不仅能嚼矮的牧草，而且喜食灌木枝叶，觅食能力很强。在一定程度上讲，山羊既耐寒又耐旱，既耐热又耐湿，适应幅度广。由于各地区生态条件有显著差别，在长期自然选择的共同作用下，不同地区都形成了各地的山羊品种。

我国迄今饲养山羊只数达19500万只左右，以河南、内蒙古、四川、山东、西藏、云南省区较多，在600万只以上；在300万只以上的省份有河北、山西、陕西、江苏、新疆、甘肃、安徽、贵州、青海、湖北等。

我国山羊品种资源丰富，按山羊品种产品用途分类，可分为普通山羊（土种山羊）、绒用山羊、裘皮山羊、羔皮山羊、肉用山羊、乳用山羊。在山羊品种资源上，我国缺少毛用山羊（安哥拉山羊）品种。各地经选育出的地方山羊达 30 余个。

贵州省地处亚热带，具有很多山地和丘陵，草山草坡多，具备发展山羊养殖的有利条件。

贵州省历来有饲养山羊的习惯，在长期的饲养过程中，形成了贵州省特有的地方山羊品种，如贵州白山羊、贵州黑山羊、黔北麻羊，在贵州省各地均有饲养，现总数达 390 余万只。同时，贵州省还引进一些乳用、毛用、裘皮用山羊品种进行饲养，如萨能山羊、吐根堡山羊、安哥拉山羊、中卫山羊等。

近年来，贵州省引进大型肉用山羊品种（如波尔山羊、南江黄羊）对贵州省山羊品种进行改良，已取得较好的效果。

任务二　山羊的选种与引种

【任务介绍】

明确山羊饲养地点、羊场类型、规模大小，然后确定选择和引进山羊的品种，并用文字描述怎样选择和引进优良的山羊品种。

【知识目标】

1. 掌握山羊鉴定的基本知识。

2. 掌握山羊育种的基本知识。

【技能目标】

1. 能从山羊群中选择优良的山羊品种作种用。

2. 掌握引种的基本方法。

一 山羊的鉴定

（一）山羊的年龄

1. 耳标识别法

耳标识别法多用于种羊场或一般羊场的育种群。为了做好育种工作的记载，每只羊都有耳标。一般编号方法，第一个号码代表出生年份，年号的后面才是个体编号。例如，"6425" 表示 1996 年出生的 425 号羊。从而可以通过第一个号码推算羊的年龄。

2. 牙齿识别法

山羊的年龄可以根据山羊的牙齿来判断。小羔羊出生 3~4 周，8 个门齿就已出齐，这种羔羊称为"原口"或"乳口"。这时的牙齿为乳白色，比较整齐，形状高而窄，接近长柱形，这种牙齿称为乳齿，共 20 枚。羔羊的乳齿往往在 1 年后才换成永久齿，但也略有早晚，成年山羊的牙齿已换为永久齿，共 32 枚。永久齿比乳齿大，略有发黄，形状宽而矮，接近正方形。山羊没有上门齿，下门齿有 8 枚，臼齿 24 枚。在 8 个下门齿中间的 1 对称为切齿，切齿两边的 2 枚称为内中间齿，内中间齿外边 2 枚门齿称为外中间齿，最外面的 1 对称为隅齿。

劳动人民在长期的生产实践中，总结了通过换牙来判断山羊年龄的经验，并编成简单易记的歌诀，以便掌握应用。这条歌诀是："一岁不扎牙（不换牙），两岁一对牙（切齿长出），三岁两对牙（内中间齿长出），四岁三对牙（外中间齿长出），五齐（隅齿长出），六平（六岁时牙齿吃草磨损后，牙齿上部由尖变平），七斜（齿龈凹陷，有的牙齿开始活动），八歪（牙齿与牙齿之间有了空隙），九掉（牙齿脱落）。"

3. 角轮识别法

观察山羊的角轮，每 1 个角轮就是 1 岁，根据山羊角轮的多少，就可知道山羊的年龄。

（二）山羊的体重和体尺

山羊的体重和体尺都是衡量山羊生长发育的主要指标，测定山羊的体重和体尺是山羊育种上的一项主要实际技术。

1. 山羊的体重

体重是检查饲养管理好坏的主要依据。称体重应在早晨空腹情况下进行。称重的具体项目有羔羊的初生重、断乳重、育成山羊配种前体重及成年山羊的 1 岁重、1.5 岁重、2 岁重、产羔前重、产羔后重、3 岁重、4 岁重等。山羊称重一般采用地磅，若没有地磅，则采用移动磅秤。

2. 山羊的体尺

在山羊称重的同时进行山羊的体尺测量。测量用的仪器有测杖、卷尺、圆形测量器等。测量时，助手将被测山羊牵引到一平地并稳定被测山羊，使之呈自然站立状态，测量者进行测定。测定项目要根据育种需要而确定。常用项目测定有以下几个。

（1）体高。从鬐甲最高点到地面的垂直距离。

（2）体斜长。由肩端至坐骨结节后端的直线距离。

（3）胸围。由肩胛后端绕胸一周的长度。

（4）管围。管骨上三分之一的周围长度。

（5）胸深。由鬐甲最高点到胸骨底面的距离。

（6）尻高。荐骨最高点至地面的垂直距离。

（7）尻长。由髋骨突至地面的垂直距离。

（8）腰角宽（十字部宽）。两髋骨突间的直线距离。

（三）山羊的品质鉴定与分级标准

山羊的品质鉴定是选种工作的重要环节之一，也是山羊的选配和育种工作的基础。鉴定的目的就是要检查山羊的体型外貌、生长发育、生产性能和育种价值，评定其品质。

1. 山羊鉴定的时间、次数和年龄

山羊通常分乳用、绒用、裘皮、羔皮、肉用和普通山羊。

（1）乳用山羊。

鉴定时间：母羊在第1、2、3胎泌乳结束后进行一次鉴定，外貌鉴定在每年5~7月进行；成年公羊每年鉴定一次，直到后裔测定工作结束为止。

（2）绒用山羊。

鉴定时间：1岁初评，成年鉴定等。鉴定时间在春、秋两季。一般以春季鉴定为主。大都在5月进行。

（3）裘皮山羊。

鉴定时间：分初生羔羊鉴定、出生后30日的鉴定、1.5岁的育成鉴定。一般都在春季进行。

（4）羔皮山羊。

鉴定时间：分初生留种鉴定和育成鉴定，一般在春季进行。初生留种鉴定在羔羊出生后24h内鉴定；育成鉴定在1.5岁时进行。

（5）肉用山羊。

鉴定时间：分初生鉴定和成年鉴定。初生鉴定在出生后3天内进行；成年鉴定在1.5

岁内进行。一般在春季进行。

（6）普通山羊。

鉴定时间：一般在春、秋两季抓绒时进行。

2. 个体鉴定项目和技术

鉴定项目的符号是用汉语拼音字母大写来记录的。以贵州白山羊为例。

（1）体躯主要部位：指体侧中线以上的体躯部位。

（2）毛股：指由若干弯曲形状相同、弯曲数一致的毛纤维排列结合在一起的毛束。

（3）毛股弯曲数：指毛股弯曲的个数。由毛股一侧计算，一个弧为一个弯曲。

（4）毛股长：毛股从毛根到毛梢（被毛绒以上部分称为毛梢）的自然长度，以厘米计算，最小单位为 0.5cm。

（5）毛股紧实度：以"J"表示，指毛股中毛纤维结合的松紧程度。"J"为紧实，"J–"为较紧实，"J＝"为松散。

（6）花穗：以"H"表示，指具有一定数量的毛股。其类型分大、小两种。从毛股有弯曲部分的中部分测量毛股的横径。"H"为小花不足 0.6cm；"H–"为大花 0.6cm 以上。

（7）花穗占毛股的比例：指毛股有弯曲部分与毛股全长之比，以分数表示，如 2/3、1/2 等。

（8）花案清晰度：以"Q"表示，花案是指花穗在被毛上所构成的图案。花案清晰度是指花穗排列、花穗间隙的清晰程度。"Q"为清晰，"Q–"为较清晰，"Q＝"为不清晰。

（9）花案匀度：以"Y"表示，指肉眼判断体躯主要部位花穗类型、弯曲数等的一致性。"Y"为匀，"Y–"为较匀，"Y＝"为不匀。

（10）散毛：以"S"表示，指散布于花穗之间不成股的毛，一般比毛股长。"S"为无，"S–"为少，"S＝"为较多。

3. 山羊鉴定分级标准

贵州省饲养山羊以肉用为主，对于羊肉的分级常以膘度、重量、体躯部位来分级，以贵州白山羊为例。

（1）按膘度分级。

一级：肌肉发育良好，骨骼不突出体外，皮下脂肪布满全身。

二级：肌肉发育中等，脊椎骨尖稍有外露，皮下脂肪较薄，臂部有肌肉外露。

三级：肌肉发育较次，骨骼明显露出体外，脂肪层薄而不显，或者肌肉发育较好，肉面无脂肪层。

（2）按重量分级。

①去骨肉：一级为 9kg 以上；二级为 5～9kg；三级为不足 5kg。

②带骨肉：一级为 11.5kg 以上；二级为 7~11.5kg；三级为不足 7kg。

（3）按体躯部位分级。

一级：腰荐部切下的后腿和前胛（颈后至第十肋骨，去掉胸骨柄）。

二级：除一级肉之外均为二级。

（四）山羊的编号与组群

1. 山羊的编号

山羊的编号，特别是羊的个体号，相当于每只羊的名字，对于育种记载工作来说，是非常重要的。山羊的编号分为群号、等级号和个体号 3 种。

（1）群号。群号是指在组群后，在同一群的羊身上的同一部位同颜料或字码做出的标记，以便同其他羊群区别。编群号一般在鉴定整群后进行。此外，在产羔季节，为了哺乳方便，进行母仔群编号，编号的方法一般由放牧人员自行决定。

（2）等级号。羊经过鉴定后将鉴定的等级在耳朵上进行标记，即为等级号。等级号一律在育成羊鉴定后，用耳缺钳（又称为等级钳）在羊耳上按规定的部位剪一个缺口，表示等级。纯种羊的等级标记在左耳上；杂种羊的等级标记在右耳上。具体规定如下。

特级羊：在耳尖剪一个缺口。

一级羊：在耳下缘剪一个缺口。

二级羊：在耳下缘剪两个缺口。

三级羊：在耳上缘剪一个缺口。

四级羊：在耳上下缘各剪一个缺口。

（3）个体号。用墨刺法、耳标法和烙角法分别给每只羊编上不同的号码，作为个体代号。

①墨刺法。墨刺法是采用特制墨刺钳和刺号，在使用时，根据编号需要把刺号装到墨刺钳内排列好待用。刺号部位是耳朵内面，刺号前，先在刺的部位涂一层墨泥，刺完后再涂一次，以便让墨泥充分进入刺孔内。墨泥是用 95% 的酒精和柴油墨灰配制的。刺号的时间一般在羔羊 30 日龄进行，左耳刺父号，右耳刺母号。刺号时应注意，不要刺在耳内血管和有毛处，用力要均匀，不清楚的在半月后再刺一次。

②耳标法。耳标是铅制品，一般为圆形，在使用前按需要用特制的钢字钉打上号码。编号时，第一个字母代表年度。例如，2012 年产 213 号羊，号码打成 2213。为查资料方便，可以按不同年度编成号码目录。应注意，为了耳标在羊耳上不丢失，最好在鉴定前两个月，将装耳标的耳孔打好，到鉴定装耳标时避免临时打孔因炎症而引起耳标丢失。

③烙角法。烙角法是将特制的钢烙号烧红，在周岁公羊角上烙号，此法用于有角的公

羊。编号方法与耳标法相同。

2. 山羊的组群

一般羊群均应按公、母分开组群，同时羊群周转时应按年龄分开组群。经过鉴定的羊应按等级分开组群。组群的时间一般在羔羊断乳时进行一次，育成羊鉴定后进行一次。基础母羊配种前组群一次，组群的数量根据品种、性别、年龄、经济效益的高低及自然条件而定。在山区，一般母羊 200 只为一群，育成公羊 100 只一群，羯羊 300 只一群；在农区，20~50 只一群。在组群中涉及畜群周转，为了经济效益，应加强周转速度，提高生产母羊的比例。

 山羊的育种

山羊的育种是提高山羊饲养业生产水平的一项重要技术措施。在遗传学的基础上，通过育种方法的研究，进行合理的选种选配，从而改进和提高山羊的品质和生产性能，以及培育适应国民经济需要的新品种。

（一）山羊的引种

1. 山羊引种的目的和意义

随着山羊饲养业的发展，需要从外地或外国引进优良的山羊品种，用来直接从事山羊生产；或者用来改良提高当地山羊品种，提高其数量和质量。因此，引进山羊品种对实现山羊的良种化、促进山羊生产的发展具有重要意义。

2. 引种应注意的问题

为使引进种山羊取得成功，在从外地引进种山羊时应注意以下几个问题。

（1）要有技术人员到引种地做好实地调查，并进行慎重的个体选择，搞清血缘关系。购入的种山羊相互间应没有亲缘关系。考察引入种的亲代有无遗传缺陷，并应带回种山羊的血统卡片保存备用。

（2）引种时要了解引入山羊品种的特点及其适应性和所在地区的气候、饲料、饲养管理条件，以便确定引种后的风土驯化措施。

（3）应妥善安排调运季节。为使引入种山羊生活环境上的变化不过于突变，使有机体有一个逐步适应的过程，在引入种山羊调运时间上要注意原产地与引入地季节差异。从当地气候特点出发，贵州省一般秋季运种山羊为好。

（4）要严格执行防疫制度，切实加强种山羊的检疫，严格实行隔离观察，防止疾病传入。从国外引进种山羊应委托国家动检机构办理此事为宜。

（5）要注意加强饲养管理和适应性锻炼。引种第一年是关键的一年，应加强饲养管理，要做好引入种山羊的接运工作，并根据原来的饲养习惯，创造良好的饲养管理条件，选用适宜的日粮类型和饲养方法。

（6）在迁运过程中为防止水土不服，应携带原产地饲料供途中或到达目的地时使用。根据引进种山羊对环境的要求，采取必要的降温或防寒措施。

（7）引入的良种山羊必须进行良好的饲养与管理，才易成功。在不具备引种知识和技术的地方，应先养些地方品种，取得经验后，再引入良种。引入良种应提倡因地制宜，按各自条件，以确定最适合的引入品种。

3. 山羊引种的时间和季节

由于山羊品种对自然环境条件具有依赖性和选择性，而自然生态资源对山羊品种的生产力又有限制性和保护性，二者只有相互依存、协调发展，才能取得良好的效果。因此山羊引种的季节，最好选择引进地与原产地气候相近的时期，或者安排在适合山羊生活的气候范围内，这样的季节才有利于引入的种山羊很快适应，而不会发生引种损失。

从贵州省气候特点来考察，一般安排在9—10月引进种山羊最适宜。因为这个时期贵州省气候转凉，有利于运输种山羊，同时雨量少，地面干燥，能较好地适应那些怕热、怕冷、怕湿的山羊品种的生活习性和生理特点。种山羊运到贵州省饲养，经过一个冬季的适应和饲养，对贵州省气候和饲养方式逐渐有所适应，到了翌年春夏季节，也能比较适应高温多湿的气候条件。贵州省其他季节虽然可以选购种山羊，但没有这个季节好。因为冬季草被干枯且数量少，羊只体质瘦弱；春季多阴雨，湿度大；夏季多阵雨，气温高，这种气候条件对新引入的种山羊的适应有一定难度，都不适宜引种山羊。

实践证明，在产羊地区选购种山羊，羊种来源比较复杂，有国营场、私营场、育种场、生产场；在个体上有大、小、老、弱、病等山羊，而引进种山羊的目的在于作种用，要有种用价值。所以，应选购育成山羊、健康山羊、良种山羊、高产山羊。切忌选购老龄山羊、带病山羊、土种山羊、低产山羊。因为育成山羊可塑性大，对新环境容易适应，利用年限长，种用价值高；健康山羊是保持高产性能的基础；良种山羊品种纯，遗传性稳；高产山羊种用价值高，育种效果、生产效益都高。

4. 种山羊的运输

要保证种山羊在运输途中的安全，主要应从合理分群、防暑、防寒、途中饲养、捉羊、赶羊和防疫几方面着手。

采购一批种山羊后，应立即为运输种羊做好准备。要选好得力的押运员。押运种山羊的人员，一定要由有责任心、不怕苦、不怕累、懂技术、有实干精神的人来承担，才会把事情做好，这是引进种山羊的经验总结。要根据运输工具的情况，将种山羊按性别、大小、强弱进行分群。因为山羊的合群性很强，刚放入陌生的羊群中或母子隔开，就会乱叫，影响食欲和健康。分群后要加强管理，以防患病。山羊是怕热的，在热天运输时，应尽量安排在夜间行车、行船。山羊在车、船上所占的面积要宽畅，且要通风，同时要注意途中有足够的饮水，饮水中可放些食盐，以帮助消化和解暑。为了防热，皮毛山羊在必要时，可剪去羊毛；寒冷天运输山羊时，要注意防寒，特别要防止行车速度较快时车边风和狭隙中的冷风，可将车门关紧，对剪毛不久、羊毛较短的成年羊和幼年羊，可隔在避风保暖处。运山羊路程较近，途中不超过半天的，只要在上车前吃饱了草，饮足了水，途中可以不喂饲草料，但要注意检查，发现问题，及时处理；运输路程远的，应备足清洁水和容易消化、体积较小的饲料，每只山羊按每天 0.5kg 精料、2kg 草的量做准备。到达目的地后，应让山羊休息一会，再饮水和吃草。此外，在捉羊、赶羊时不要使羊受惊，以免发生意外。要加强防疫和检疫工作，以防羊患病死亡。根据运羊实践，还要对已怀孕母山羊进行精心护理，运输时，一定不要太拥挤，空间要宽畅，要加强途中检查，运到目的地后，喂饲、放牧、进出羊舍都要特别小心，以防流产。

（二）山羊的选种

1. 山羊选种采用的方法及应注意的问题

（1）山羊选种采用的方法。用牧民的经验就是看祖先、看本身、看后代；用科学的方法就是进行系谱鉴定、本身鉴定和后裔鉴定。

①系谱鉴定。系谱是一只山羊祖先情况的记载，借助系谱可以了解被选个体的育种价值、过去的亲缘关系和祖代对后代在遗传上影响的程度。系谱鉴定就是分析各代祖先的生长发育、健康状况及生产性能来确定山羊的种用价值。因此，选择种山羊时，首先要查看被选山羊的祖代资料，特别是挑选幼龄种山羊时，应以系谱作为选种依据。一般要查看三代资料。

②本身鉴定。本身鉴定就是对候选山羊本身的表现进行评定而确定其质量的优劣程度。主要依据是本身的生产性能，如肉用山羊的日增重；乳用山羊的产乳量；毛用山羊的剪毛量；皮用山羊的毛皮品质。同时也要考虑其他指标，如生长发育快慢、品种特征是否明显、体质是否健康和健壮、外形长得好不好等。

③后裔鉴定。后裔鉴定就是根据后代的品质来选择种山羊，多用于优良公羊的后裔测定。

（2）山羊选种应注意的问题。要使山羊选种达到目的，取得好的效果，在进行山羊选种时，应注意以下几个问题。

①要注意坚持标准，严格淘汰。选种不按标准来选就达不到预定目的；选种不配合淘汰，也是达不到预定目的的。

②要注重选种方法。

③要注意资料的登记、整理、分析。

④在查看系谱时应注意祖代的优点；也要注意祖代的缺点和缺陷。

⑤在本身鉴定时，要注意根据育种和生产需要确定鉴定项目。项目的确定要注意其实效性，不宜太多。

⑥在后裔测定时要注意条件的一致性。

2. 乳用山羊的选择

（1）乳用山羊的外形选择。

乳用山羊的生产方向是生产山羊乳。重点要求是乳用山羊所生产山羊乳的数量和质量。而乳用山羊生产性能的高低，又与山羊的体质外形有密切的关系。研究证明：乳用山羊的外形是其生产性能的表征。所以乳用山羊外形选择可用鉴定标准作基础，采用百分制的方法进行个体鉴定。百分制的满分是100分，分为特等、一等、二等、三等。每个等级又有相应的分数界线，经过实际评定，定出评定分数和等级。在生产上常采用的方法是肉眼评定法。用眼看、手摸、凭主观经验进行评定。一般要求奶山羊呈楔形。头小额宽；颈细长；背腰平直，尻宽、长、平，胸宽、深，后躯和乳房十分发达；细致紧凑型表现明显；四肢细长，强健有力；皮肤薄，骨骼细；毛细短有光泽。

乳用山羊外形的重要选择器官是乳房。要求乳房容积大，发育良好，附着好；呈球形或梨形；前乳房向前延伸至腹部和腰角垂之前，后乳房向股间的后上方充分延伸，使乳房充满于股间而突出于躯体的后方；4个乳区发育匀称。乳头大小，长短适中，呈圆柱状。乳静脉弯曲、粗大。乳房富有弹性，乳镜要宽而有皱褶。不要选肉用乳房、下垂乳房、发育不均衡、不对称的乳房，这些乳房都是低产乳房。

（2）高产乳用山羊的识别。

在生产实践中，每年都要坚持对乳用山羊进行整群，选出生产性能高、体质外貌好、健康的山羊组成生产群；选出生产性能低、经济效益差的山羊，组成淘汰群。在生产群中还要保留一些高产的个体，作为核心群。所以识别高产乳用山羊不仅是育种的需要，也是生产上的一项实用技术。

在实践中识别高产乳山羊，采用查、看、摸的简易方法。识别的技术员要具有一定的山羊基础知识和经验。

①查。查看乳用山羊的系谱和个体卡片；查看乳用山羊实际登记日、月、年、泌乳期产乳的原始整理资料，并进行个体间的比较，全群个体产乳量最高者为高产乳山羊。如果这只高产乳山羊其祖先也是高产者，证明这只高产乳用山羊的基础更好。这种识别方法准确、科学，但要取决于资料数据是否完整和真实。

②看。主要是看被选个体的外形。从整体来看，高产乳用山羊的基本特征是：皮薄骨细，血管显露，被毛细短而有光泽，肌肉不发达，胸腹宽深，后躯和乳房十分发达。显示高产的体型是细致紧凑型表现明显；从侧望、前望、上望，均呈"楔形"。从个别部位来看，高产乳山羊最重要的部位是尻部和乳房。尻部宽、平；乳房容积大、附着好，呈浴盆状，乳静脉显露且粗，乳镜宽且皱褶多。

③摸。重点是摸山羊的乳房，手感柔软，4个乳区匀称，乳房富弹性，呈现出腺体乳房的特点为高产乳山羊。若手感乳房硬、小，呈现出肉乳房的特点则为低产乳房。还要摸尻部，高产乳山羊的尻部呈现长、平、宽的特点。

3. 肉用山羊的选择

（1）肉用山羊的外形选择。

肉用山羊的主要生产方向是生产山羊肉，因此在外形选择时，应掌握肉用山羊的外形特征。

从整体来看，应选择体躯低垂，皮薄骨细，全身肌肉丰满，疏松而匀称的个体；从局部来看，应着重选择与产肉性能至关重要的部位，这些部位是鬐甲、前胸和尻部。具体来说，要甲宽、厚、多肉，与背腰在一条直线上；前胸饱满，突出于两前肢之间，垂肉细软而不甚发达，肋骨比较直立而弯曲不大，肋骨间隙较窄，两肩与胸部结合良好，无凹陷痕迹，显得十分丰满多肉；背部宽广与鬐甲及尾根在一条直线上，显得十分平坦而多肉，沿脊椎两侧和背腰肌肉非常发达，常形成"复腰"，腰短，肷小，腰线平直，宽广而丰满，整个体躯呈现粗短圆筒形状；尻部要宽、平、长，富有肌肉，忌尖尻和斜尻；两腿宽而深厚，显得十分丰满；腰角丰圆不突出；坐骨端距离宽，厚实多肉；连接腰角、坐骨端宽与飞节三点，要构成丰满多肉的肉三角。

肉用型山羊的选择，在外形上应抓住两个重点：一是细致疏松型明显；二是前望、后望、上望都构成矩形，即前望由于胸宽深，鬐甲十分平直，肋骨十分弯曲，构成前望矩形；侧望由于颈短而宽，胸尻深宽，前胸突出，股后平直，构成侧望矩形；上望由于鬐甲宽，背腰、尻部宽，构成上望矩形。

肉用山羊外形选择，可以采用肉眼评定法，也可以根据各种肉用山羊的外貌特征、体尺、体重标准，种羊场和生产羊场的记载资料，采用综合评定法。从现实来讲，生产场多采用肉眼评定法。凭技术员的学识和经验来选择，选择时着重外形。

（2）肉用山羊肥瘦的评定。

①根据饱星的大小来评定肉用山羊的肥度。饱星是指山羊肩前的淋巴结。由于山羊体脂肪的积蓄，在前躯多，在后躯少，因此，饱星在山羊肥膘之后，周围包被的脂肪增多，反之，则变小。评定山羊肥瘦时，评定人骑在山羊背上固定羊体，用手去摸饱星的大小。

判断歌诀是"勾九、叉八、捏七、圆六"。其中，以叉八的饱星最大，一般绝对大小有鹅蛋那么大，体膘最肥，勾九次之，捏七又次，圆六最小，绝对大小有杏核那么大的饱星，体膘最瘦。

"叉八"是指食指叉开呈一"八"字形才能叉住饱星，这类羊脂肪蓄积最多；"勾九"是指食指弯曲起来，像个"九"字形，饱星就套在这个"九"字形内，这类山羊膘情比"叉八"差，体内脂肪蓄积也比"叉八"少；"捏七"是指拇指、食指、中指都弯曲如鼎足，才可把饱星捏住，这类山羊膘情和体内脂肪蓄积又差于"勾九"；"圆六"是指拇指、食指并在一起，才可能把饱星捏住，这类山羊膘度最差，体内脂肪蓄积最少。

②根据被毛的变化来评定肉用山羊的肥度。根据山羊体膘肥瘦不同，被毛出现4种变化，每变一种，肥度提高一步。这4种变化是"毛光（被毛无光泽），毛粗（被毛由细变粗），分脊（山羊背脊上的毛披向两侧），翻毛（羊体毛一片一片扭转起来，像旋毛状）"。以"翻毛"最肥，体内脂肪蓄积最多。"毛光"最瘦，体内脂肪蓄积最少。

4. 毛用山羊的选择

毛用山羊的选择通常在每年的秋季剪毛前进行。根据评定标准进行评分，选优淘劣。以成年安哥拉山羊为例，其评定项目和评分标准见表2-1。

表2-1 成年安哥拉山羊评定项目和评分标准

评定项目	最高评分
成年羊体重	8
外形	11
体质结实程度	8
骨骼结实性	8
类型表现	15
羊毛覆盖程度	8
羊毛光泽和油汗	8
羊毛细度	20
羊毛密度	8
羊毛丝光性	6

在评定山羊时，要注意体躯的宽、深，背平，四肢姿势端正。安哥拉山羊的体重和剪毛量标准，各国情况有所差异，如美国安哥拉山羊的成年公山羊体重为40~45kg，母山羊体重为27~30kg；成年山羊公羊剪毛量为4~6kg，母羊剪毛量为2.5~3.5kg。

安哥拉山羊的羊毛品质是：毛辫长18cm以上，细度44~46支，但周岁羊毛细度为

56~58 支，羊毛的均匀度好，被毛密，覆盖良好，羊毛丝光性强，柔软。安哥拉山羊常含有一些有髓毛和死毛，一般达 3%~5%，死毛多的羊毛品质差。净毛率 75%~85%。

安哥拉羔羊的选择：选留羔羊时，除从系谱上了解亲代情况之外，主要看个体的体质外形和毛品质，尤其要注意毛辫长度，6 月龄的安哥拉山羊羊毛长度应在 12cm 以上，最重要的是被毛中不含死毛。

5. 山羊的祖先评定

山羊的祖先评定是在祖代谱系资料基础上进行的。在进行山羊系谱鉴定时，一般分两步进行。

第一步：编制祖代系谱。山羊系谱一般有竖式、横式和结构式 3 种形式。

①竖式系谱格式：山羊种名字记在上端，下面是父母（祖 I 代），再向下是父母的父母（祖 II 代）。第一代祖先中的公山羊记在右侧，母山羊记在左侧。系谱正中画一垂线，右半为父方，左半为母方。

在系谱登记时，产乳量及体尺有一定的简写方法。例如，萨能奶山羊 1 号的体尺为：71-79.1-74.1-7.6，这表示体高 71cm、体长 79.1cm、胸围 74.1cm、管围 7.6cm。又如，产乳量：I-305-800，这表示第一个泌乳期，泌乳期为 305 天，产乳量为 800kg。

②横式系谱的格式：山羊种名字记在系谱的左边，历代祖先顺序向右方记载，越向右，祖先数越高。各代公羊记在上方，母羊记在下方，系谱正中画一横虚线，上半为父方，下半为母方。体尺和生产性能应像竖式系谱一样，尽量详细记载。

③结构式系谱的格式：后代写在左方，祖代写在右方，第一个体与其子女用一通经线相连。这种系谱不登记生产性能和其他材料，仅登记名字和山羊号。同一只山羊不管它在系谱中出现几次，但在这里仅占一个位置。在系谱中以方块代表公山羊，圆圈代表母山羊，并且注意各条连线尽量不交叉，如此应将出现次数最多的共同祖先放在中间位置。

第二步：对祖代系谱进行审查和鉴定。评定时主要根据系谱进行分析，先查血缘关系，后查生产性能。在系谱鉴定时，不仅要审查其优点，还要审查其缺点，更要审查其祖代有无遗传缺陷。以优势多、产量高、无遗传缺陷为优选。系谱鉴定可作为羔羊选择的依据。

6. 山羊的后裔评定

山羊的后裔评定，就是根据被选种山羊后裔的表现来评定种山羊的种用价值。种山羊不仅其自身表现要好，更重要的是能产生优良的后代，后裔鉴定是评定种山羊的重要方法。但是，进行后裔鉴定所需时间长，等到后代充分表现出各种生产性能后才能做出判断，这样就延长了世代间隔，减少了遗传进展。此外，要等大量后备山羊都有了后代的记录，才选优去劣，经济上负担很重。所以，应在不同的生长发育阶段进行系谱鉴定和本身鉴定，凡不符合种用要求者应淘汰，只选留优良的种山羊继续进行后裔鉴定。鉴于公山羊对后代群体的影响大，一般情况下，只对种公羊做后裔鉴定。

后裔的遗传物质是由父母双方提供的，母山羊的品质对后代的表现有直接的影响，应选择一批性能良好的与配母山羊。要对几只种公山羊进行后裔鉴定时，应采取随机交配的方法，不能为公山羊选择与配母山羊。种公山羊配的母山羊越多，后裔数量也越多，鉴定结果越可靠。一般以每只种公山羊配 4~6 只母山羊为宜。进行后裔测定时，应把每只种公山羊的后裔都包括在内，决不能只选取后裔中的优良者进行比较。

后裔测定时，应把被测种公山羊的后代养在相同或相似的环境条件下，同时为其提供良好的饲养管理条件。为使不同种山羊的后裔出生时间相近以利于比较，应在 2~3 天内把所有与配母山羊配完种。

有了后裔性能测定结果，就可以对山羊的种用价值做出判断。若单独评定一只种公山羊，可将该只公山羊的后裔性能平均值与羊群中其他种公山羊同龄后裔性能平均值进行比较。如果种公山羊后裔性能平均值高于同龄后裔的平均值，就说明该公山羊的种用价值高。若要评定几只种公山羊，可将各个种公山羊的后裔性能平均值进行比较。

7. 提高山羊选种效果

提高山羊选种效果应从以下 3 方面着手。

（1）要早选。提早选出品质优良的种山羊，特别是能早期选出优良的种公山羊，既能节约种公山羊的饲养成本，又能缩短世代间隔。早期选种的方法有：①提早配种。有些国家主张母山羊 8 月龄，体重达 35kg 以上，就进行配种，这样可提前半年时间完成后裔测定。②提前评定生产力。试验证明，乳用山羊 90 天的产乳量能反映整个泌乳期乃至以后各胎次的生产性能。所以应用 90 天的产乳量对奶山羊产乳量这个性状进行选择，就能提前 200 天左右得出相当准确的结果。③提前进行外形鉴定。幼龄公山羊的阴囊围度与其生长发育、精液品质有关系，因此，该指标可作为早期选择种公山羊的一个项目。

（2）要选准。在选种时，要做到选种目的明确、具体。既要有选种原则，又要有选种达到的指标；既要顾及全面，又要突出重点。在选种时还要做到资料齐全，数据准确，条件一致，方法对头。在有条件的地方，除了常规选择，还可利用先进仪器对附加性状，如血清中的酶蛋白及有关激素（生长激素等）等生理生化指标进行测定，利用这些性状进行早期选种。

（3）要选好。要选好就是所选的公山羊和母山羊的交配组合，亲和力高，这样才能使所选个体真正达到遗传改良的作用。

任务三 山羊的选配与杂交改良

【任务介绍】

按照某一地区具体的山羊场，制订山羊的交配制度和杂交改良方案。

【知识目标】

1. 掌握山羊选配的基本知识。

2. 掌握山羊杂交改良的基本知识。

【技能目标】

1. 掌握山羊选配的方法。

2. 掌握山羊杂交改良的方法。

 山羊的选配

（一）山羊选配的方法和注意事项

1. 山羊选配的方法

山羊选配的方法有表型选配法和基因型选配法两种。

（1）表型选配法。表型选配法就是根据公山羊和母山羊本身所表现出来的性状来选配。这种方法简单易行，它主要根据公山羊和母山羊个体在体型外貌、生产性能上有关性状的优劣而决定取舍，希望通过优秀的公山羊配优秀的母山羊，可产生优秀性状的后代种山羊。

（2）基因型选配法。基因型选配法就是根据公、母种山羊的基因型来选配。这种方法比较复杂，由于它需要了解公山羊和母山羊的基因型，因此除了要根据本身的性能表现，还要根据先代、同代和后代，即整个家系性状的优劣来决定取舍，这样可更有把握地通过优秀配优秀达到迅速有效地获得理想优秀性状后代种山羊的目的。

2. 山羊选配中的注意事项

（1）在实际选配中，个体选配应注意以基因型选配为依据，以表现型选配为条件，这样才能排除外因干扰所造成的假象，选留出真正理想的优良性状，并可将优良性状传给后代的公山羊和母山羊，从而提高选种效果。

（2）无论采取哪种选配方式，都应坚持公山羊的个体综合评分等级或育种值高于个体母山羊，不允许等级高的母山羊与等级低的公山羊交配，应注意以优配优、以优配中、不可采取"拉平"的方法。

（3）为了获得好的后代，应坚持青年公山羊与成年母山羊交配；成年公山羊和成年母山羊交配；成年公山羊与青年母山羊交配。不允许幼龄公山羊和母山羊或老龄公山羊和母山羊交配。

（二）山羊的同质选配

同质选配是指选择体质外貌、生产性能都好而性状又相似的公山羊和母山羊进行交配，以期在后代中将其优点巩固和进一步提高其优良特性。山羊的同质选配一般在以下两种情况下选用。

（1）在杂交育种的后期，山羊群有关性状参差不齐，分化很大，在这种情况下，可在体质外貌或生产性能的类型上进行同质选配。

（2）为了巩固和发展某些优良性状，必须针对这些性状进行同质选配，以优配优，可以获得更多的突出后代。

同质选配的作用：主要是使亲本的优良性状稳定地遗传给后代，使优良性状得以保持和巩固，并使山羊群中增加具有这种优良性状的个体。同质选配的效果与基因型的判断是否准确关系密切。如果仅根据表型选配，表型相同的个体基因型未必相同，即使是同质选配，也可能产生不相似的后代；如果交配双方的基因型都是杂合子，即使是同基因交配，后代也将发生分化，性状不能巩固，也不能得到大量理想的个体。若根据基因型选配，则可收到良好的效果，因此，在选配之前，有必要根据其遗传规律确定其主要性状的基因型。

同质选配能固定优良性状，同时也能固定不良性状，父母原有的轻微缺点可能在后代中变得严重，因此不能选择相同缺点的公山羊和母山羊交配。

同质选配还容易引起体质衰弱，导致生活力下降，适应性下降，因此要特别注意严格选择，及时淘汰不良个体。

（三）山羊的异质选配

异质选配是指选择具有不同优点的公山羊和母山羊进行交配，以期在后代中兼有双亲的优点。山羊的异质选配常应用于以下两种情况。

（1）结合公山羊和母山羊双亲的优良性状。例如，安排乳脂率高的类群或品系与产乳量高的类群或品系的公山羊和母山羊相互交配，可获得产乳量高和乳脂率高的优良后代。

（2）以交配一方的优点纠正另一方的缺点。例如，让背腰平直的公山羊与背腰凹陷的母山羊交配，以纠正后代母山羊的凹陷；又如，用乳脂率高的公山羊与乳脂率低的母山羊交配，也属于异质选配。

在一个山羊场的山羊群中二级以下的母山羊不是理想型，有各种不同的缺点。例如，皮毛质量欠佳或产乳量低等。对这些母山羊的选配目的是克服缺点，使其后代达到理想型，这就应采用异质选配的方法。

进行异质选配时，应注意不能选择优良山羊与劣质山羊交配。虽然这也算是异质选配，但其结果只能产生中庸的后代，不能达到迅速获得优良后代的目的。还应注意，异质选配的效果不一定全是好的，有时由于基因的连锁或性状间的负相关，双亲的优点不一定都能传给后代并在后代中表现，为此要注意用高于母山羊等级的公山羊与之交配。要防止近亲交配。

（四）山羊的本品种选育

各地山羊育种实践和选育经验证明，本品种选育是提高现有优良山羊品种的一种有效措施。西北农业大学饲养的萨能奶山羊，经过长期的本品种选育，年产乳量平均由489.3kg 提高到 880.7kg，高产群的母山羊平均 300 天产乳 1440.97kg。实践证明，要做好山羊本品种选育，提高山羊的优良性状的性能，必须注意做好以下几方面。

（1）坚持严格选留种用山羊。根据不同品种的外貌特征和生产性能，并参考所留种山羊亲代情况进行严格选择，这是搞好山羊本品种选育的重要措施。

（2）坚持整群。这是做好山羊本品种选育的重要环节，所以每年秋季要在种山羊鉴定评分的基础上进行留优去劣。整群的目的在于使山羊群体结构合理，性别、年龄搭配恰当。定期整群，选优淘劣，提高山羊群质量。分级、分系为等级选配和品系繁育准备条件。

（3）坚持精心培育羔羊。羔羊的培育应从胚胎期开始，所以母山羊怀孕后，就应加强饲养，保证母山羊和胎羔的营养，要求怀孕母山羊分娩前体重较泌乳期增重 20%～30%，羔羊出生后要给予充分的营养，促进其生长发育。

（4）坚持调换种公山羊。在适当时期引入种公山羊或公山羊精液，更换母山羊血液，避免近亲交配。

（5）坚持合理选配。用好的公山羊和母山羊进行交配。

 ## 山羊的杂交改良

（一）杂种优势的利用

杂交的目的是利用杂种优势来提高生产性能。所谓杂种优势，就是由于基因的杂合状态造成的杂种类型对纯种亲本类型的优势性。其表现在整个有机体生活力、耐受力、抗病力和繁殖力、生产力、饲料转化率的提高，生长发育快，因此在山羊生产实践中已广泛利用杂种优势，来提高山羊的生产效能和经济效益。

实践证明，杂种优势利用，不仅是一个杂交问题，更重要的是杂交亲本的选优提纯和杂交组合的选择问题，是一整套综合措施，应包括杂交亲本种群的选优与提纯、杂交亲本的选择、杂交效果的预估、配合力测定、杂交方法的选定、杂种的培育等主要环节。而杂交亲本种群的选优与提纯是杂交优势利用的一个最基本的环节。

（二）山羊杂交育种的方法

在山羊生产中，为了培育新的品种，改进原有品种质量或提高产品生产率，常常采用不同的品种间甚至不同品系间的杂交繁殖法。主要有级进杂交、育成杂交、导入杂交、经济杂交、种间杂交和属间杂交等。

实践证明，杂交繁殖能将不同品种的特性结合在一起，能够创造出亲本原来不具有的特性，并且还能提高后代的生活力，所以采用广泛。

实践还证明，杂交破坏了有机体的遗传保守性，杂种后代更容易受外界环境条件的影响。因此必须注意改善饲养管理，加强对羔羊的培育。而这方面恰恰是我国目前山羊杂交改良工作中的薄弱环节，要使杂交种山羊生产性能充分发挥出来，就应重视和加强这方面的工作。

（三）山羊的经济杂交

经济杂交的目的是利用杂种优势，提高群体的经济效益。在山羊的生产中，经济杂交主要用于肉用山羊的生产，以提高产肉性能。例如，将肉用体型优良、早熟性品种的公山羊和耐粗饲、泌乳量大、繁殖力高、适应性好的母山羊杂交，所产羔羊发育快、产肉率高、生产成本低。常用的方法有两个品种的简单经济杂交、三品种杂交、两品种或三品种的轮回杂交等。

在进行山羊的经济杂交时，无论采用哪一种方法，都必须做好组织工作，要有组织、有领导、有计划地进行。要做好纯种山羊群的保持和提高；杂交山羊群的生产和补充；各品种在整个羊群中要有正确的比例及完整的繁殖体系，以免羊群混乱、退化，充分发挥杂种优势的效益。

两品种简单杂交是在生产中应用最广的一种经济杂交，在组织两品种简单杂交时，首先要建立母山羊核心群。核心群的母山羊最好是选择同一品种的纯种母山羊。如果纯种母山羊数量不够，也可以选择一部分优秀的杂种母山羊。核心群由基本母山羊群中挑选优秀的组成。数量应为基本母山羊总数的 25%~30%。核心群母山羊应当用同品种的优秀公山羊交配，所产的后代挑选一部分好的补充核心群母山羊。其余的母山羊补充杂交生产群，与另一不同品种的公山羊交配生产杂种后代肥育。

生产群母山羊与另一品种公山羊交配所产的后代全部肥育，作为商品羊。所需的后备公山羊除本场繁殖之外，也可以由育种场引入或与邻近山羊场交换使用。

（四）山羊的级进杂交

级进杂交也称为吸收杂交或改造杂交。为本地山羊（被改良品种）选择适当的纯种公山羊（改良品种）交配，以后再将杂种母山羊和同一品种公山羊交配，一代一代配下去，使其后代的生产性能近似于所用的纯种，这种杂交方法称为级进杂交。例如，本地雷州山羊用吐根堡山羊杂交三、四代，在外形和产乳量方面，基本上近似吐根堡山羊。

进行级进杂交必须注意以下几点。

（1）正确选择父系品种。要符合育种方向上的要求。例如，雷州山羊要培育成乳肉山羊品种时，应引入吐根堡山羊。又如，白色土种山羊要培育成肉用山羊时，应引入波尔肉用山羊或马头山羊。

（2）级进到什么程度为宜，应根据级进杂交的目的和两个品种在品质上的差异决定。不要一味追求代数，在杂交过程中出现理想型的个体，就应进行自繁，建立品系，进行固定。实践证明，采用这种杂交，往往杂种 1~2 代表现较好，杂种优势明显。

（3）做好选种选配工作，特别是要避免近亲交配。

（4）要创造适合于高代杂种山羊的饲养管理条件。

（5）除了注意级进杂交后代的生产性能提高，还应注意其适应性、抗病力、耐粗饲等有益性状的选择。

（6）级进杂交的一切育种方案，都应根据山羊群出现的实际情况做必要的调整。

级进杂交是大规模进行改良的有效方法，采用得当，效果好，速度快，它是我国改良土种山羊采用的主要方法。

（五）山羊的育成杂交

将几个山羊品种通过杂交的方法创造一个生产性能高、符合国民经济需要的山羊新品种，称为山羊的育成杂交。用两个品种杂交育成新品种的，称为简单育成杂交；用 3 个以上品种杂交育成新品种的，称为复杂育成杂交。当本地山羊品种不能满足要求，而且又不需要用级进杂交的方法进行彻底改变时，即可采用育成杂交的方法。

育成杂交要经历以下 3 个阶段。

1. 杂交阶段

通过两个或两个以上山羊品种杂交，亲本的特性通过基因重组集中在杂种后代中，创造出新的山羊类型。在这一阶段中，必须根据预期的目的，决定杂交亲本和选用杂交方式。亲本中最好有一个地方品种，以便杂交后有较好的适应性。要认真做好选种选配工作，避免近亲交配。杂交代数要灵活掌握，适当控制，一旦出现预期的理想型，就停止杂交。

2. 固定阶段

当出现理想型后就进行横交固定，稳定后代的遗传基础。在这一阶段中，可进行近交，结合严格的选择，加强优良性状的固定。对后代理想型个体，选出优良的公山羊和母山羊进行同质选配，以获得优良的后代。对不完全符合理想的个体，可与理想型个体进行异质选配，以便后代有较大的改进。对离理想太远的个体，则坚决淘汰。对于具有某些突出优点的个体，应考虑建立品系。

3. 提高阶段

通过大量繁殖，迅速增加固定的理想型数量，扩大分布地区。通过品系间的杂交，不断完善品种的整体结构，继续做好选种选配工作。

在山羊育种实践中，育成杂交运用于有计划、有目标、有方案中，杂交出现理想型即可进行横交固定。另一种是运用于无计划、无方案中，而在杂种群体上进行。在这种情况下，应在调查的基础上选出生产性能高、外貌体质好的个体组成育种群。在自然繁殖的基础上，严格选种选配，加强饲养管理。在整个过程中，要注意建立品系或品族，为进一步提高创造条件。

（六）杂种山羊的整顿和提高

我国的山羊生产随着其发展需要，曾引过不少外来品种，有萨能奶山羊、吐根堡奶山羊、努比亚山羊、波尔山羊等；国内的地方品种也不断在调运中。就贵州省来讲，有成都麻羊，也有从广西、山西等地引入地方山羊品种。过去由于缺乏全面的、长期的杂交规划，以致目前本地纯种越来越少，留下大量血统混杂、来源不清的杂种山羊。长此以往，更会造成杂交乱配、羊种退化、生产力低下等不良后果。因此，应对现有杂种山羊加以整顿，提高其生产性能，使之适应山羊生产发展的需要。

（1）对现有杂种山羊的整顿和提高，应立足在现有的基础上尽可能做好今后的工作。本地山羊品种有许多是我国宝贵的品种资源，有必要加以整顿、保存和发展。现有的杂种山羊中很有可能是遗传组成优良的类型，目前由于杂交混乱，没有显示其优越性。因此应调查研究，把它们挑选出来，然后采取同型交配，进行优化提纯。在其基础上建立各种专门化品系。通过配合力测定，选留好的、淘汰不够理想的后代山羊。

（2）对现有的大量杂种母山羊还可以有计划地引进一些本地没有引进过的品种，通过试验，确定轮回杂交方案。只要选择的父本品种合适，利用一些现有杂种山羊作为母本，进一步进行轮回杂交，是同样可以取得较好的杂交效果的。

总之，对现有杂种山羊的整顿和提高，既要有一个当前的措施，还要有一个长远的打算。当前应该利用现有杂种山羊作为母本，有计划、有步骤地继续进行轮回杂交；长远之计是应该在现有杂种类型中，择优选育，培育大量专门化品系，为将来普遍开展杂种优势利用工作准备大量理想的杂交亲本。

任务四 山羊的繁殖技术

【任务介绍】

在校内山羊养殖场分单项完成山羊发情鉴定、人工授精、妊娠诊断、分娩护理、繁殖控制技术学习和训练，到校外山羊养殖场进行整套繁殖技术的综合实训，由校外兼职教师进行考核和评价。

【知识目标】

1. 掌握山羊繁殖生理的基本知识。

2. 掌握山羊发情鉴定、人工授精、妊娠、分娩、繁殖控制的基本理论和方法。

【技能目标】

1. 掌握山羊发情鉴定技术。

2. 掌握山羊配种方法，重点是人工授精技术。

3. 掌握山羊妊娠诊断技术。

4. 掌握山羊分娩护理技术。

5. 掌握山羊繁殖控制技术。

一 山羊的繁殖特点

（1）多胎性。山羊每胎的产羔数比绵羊多。除少数山羊品种之外，绝大多数品种山羊很少产单羔，多数产双羔或三羔，有的品种甚至产 6~7 只羔羊。山羊的多胎性决定了山羊的种用价值和经济效益。

（2）山羊为季节性多次发情的动物。山羊一年四季都可发情，但多数集中在秋末冬初季节。一般是当年 8 月到翌年 2 月母山羊发情比较旺盛，是山羊集中繁殖季节。

（3）山羊是短日照发情动物。当日照由长变短，气候凉爽时进入繁殖季节；而日照由短变长，天气炎热时，休情期来临。

（4）母山羊的发情周期稳定。一般为 20~21 天。在繁殖季节的旺季，发情周期最短，以后逐渐增加，品种间的差异不明显。

（5）发情前期卵巢内有一个或一个以上卵泡发育。发情期卵泡的增长速度很快，卵泡壁变薄，血管增生，卵泡突出表现为半球状。成熟的卵泡直径约 10mm，卵泡腔无出血现象。山羊属于卵巢的成熟卵泡是自发性排卵和自动形成黄体的动物。

（6）母山羊发情明显。所以发情期受孕率高，奶山羊可达 98%。

（7）发情集中。特别是大群饲养管理情况下更为明显。

（8）夜晚发情多。山羊对光照、温度敏感。

（9）交配快速。在采精时动作要快。

（10）在初配山羊和繁殖开始时，出现假发情现象：即有发情表现，无排卵的现象，应注意诊断。

（11）山羊一般的利用年限为 7~8 年，个别山羊可达 10 年。而以 3~5 岁为最佳利用年限。

二　山羊的发情与排卵

（一）性成熟

山羊生长发育到一定时期，生殖器官发育基本完成，开始具有繁殖后代的能力，这个时期称为性成熟。

山羊的性成熟，一般在生后 6~7 月龄。但也因山羊品种、性别和自然环境条件、饲养管理水平不同而异。一般早熟品种、炎热地区、饲养管理条件良好，都能促进性成熟的提早出现，如萨能奶山羊发育好的母羊，生后 3~4 月龄，体重 17~20kg 即开始发情，公羊在生后 3 月龄，即有性欲表现；中卫山羊的母羊在生后 5~6 月龄性成熟；辽宁绒山羊在生后 7~8 月龄开始性成熟；济宁青山羊的母羊在生后 3 月龄即表现性成熟；波尔山羊 6 月龄才显初情期；雷州山羊生后 4 月龄左右即可达到性成熟；成都麻羊生后 3~4 月龄可达性成熟。

山羊的初配一般在体成熟时进行。山羊生后 12~15 月龄，才达到体成熟。所以山羊的初配年龄，通常在生后 15~18 月龄，初配体重为成年体重的 60%~70% 为宜。但品种不同、初配年龄和体重也有差异。萨能乳用山羊的初配月龄，公羊在 14~16 月龄，初配体重为 70kg，母羊在 13~15 月龄，初配体重为 42kg；雷州山羊的初配年龄，公羊在 10 月龄，初配体重为 49kg，母羊在 11~12 月龄，初配体重为 28kg；中卫山羊初配年龄，公羊在 24

月龄，初配体重为 25~30kg，母羊在 18 月龄，初配体重为 20~25kg；济宁青山羊初配年龄，公羊在 6 月龄，初配体重为 12.5kg，母羊在 5~6 月龄，初配体重在 10kg 以上。

（二）发情与排卵

1. 母山羊发情

发情是母山羊进入性成熟后所表现的一种周期性的性活动现象。卵泡在发育过程中产生的雌激素引起母山羊生殖器官充血、肿胀、分泌大量黏液，出现性欲和性兴奋，表现一系列发情征候。

据观察，山羊的发情特征是：处女母山羊发情不明显，经产母山羊发情较明显，不同品种的发情程度也不同。萨能奶山羊发情非常明显，乳用山羊发情比其他家畜集中，特别是在大群集中饲养的情况下更为明显。由于山羊是短日照动物，因此夜间发情多。在初配母山羊中和繁殖季节开始时出现假发情现象。

山羊发情一般分发情初期、盛期和末期。由于发情期不同，外部表现也有异。

发情初期母山羊卵泡迅速发育，雌激素大量分泌；母山羊表现烦躁不安，食欲减退，产乳量急剧下降；在放牧时游走少食，并逗引其他母山羊；当试情公羊企图爬跨时，又不乐意接受，扬头而走。

发情盛期由于雌激素分泌量最多，母山羊交配欲强烈，因此不时高叫，爬墙抵门，摇尾，乐意接受其他母羊或试情山羊爬跨；舍饲时，食欲减退，反刍停止，放牧时常离群独居。

发情末期母山羊性欲减退，渐渐转入平静，不再接受爬跨，也不爬跨其他母山羊，一系列发情表现消失。

2. 母山羊的排卵

母山羊一般在发情后 24~36h 排卵，排卵数目一般为 1~5 个。卵子保持受精能力的时间为 5~6h。精子保持受精能力的时间大致是 24~48h。所以母山羊最理想的配种时间一般在发情后 12~14h，这期间受孕率最高。

山羊的配种

（一）山羊的配种方法

山羊的繁殖是通过公山羊和母山羊交配后，两个性细胞结合的受精作用而实现的。山羊的配种方法有自然交配、人工辅助交配和人工授精 3 种。

1. 自然交配

自然交配分两种情况，一种是平时公山羊和母山羊分开管理，在配种季节按 100 只母山羊放入 3~4 只公山羊的比例编群，进行自然交配。另一种是平时公山羊和母山羊混群放牧。这种方式的缺点很多，无法控制产羔时间和避免近亲交配，管理不便，容易发生小母山羊早配现象。总的来讲，广大牧区和半农半牧区山羊群较大时，采用这种方式配种虽然可节省人力，但无法了解配种受孕确切时间，系谱不清，无法了解哪只公羊的后代品质最好等。用自然交配方法配种时，要做到公山羊和母山羊平时不混群，只可在配种季节内放入公山羊。

2. 人工辅助交配

饲养在农村的山羊品种，多采用人工辅助交配方式。平时公山羊和母山羊分开饲养，母山羊发情时，即用指定的公山羊配种。实践证明，这种方式可以有目的地进行选种选配；可以准确记录配种日期，预测产羔日期；可以控制配种次数，合理有效利用公山羊；可以避免疾病传播。

3. 人工授精

人工授精就是用器械采精和输精，以代替公山羊和母山羊交配的方法。我国育种山羊场和大规模山羊场多采用人工授精。

母山羊在一个发情期内的交配次数，在生产上一般常分为"单配""复配""双重配"3 种。"单配"是在母山羊发情期内，只用公山羊交配一次。"复配"是在母山羊发情期内，先后用一只公山羊交配两次。第一次交配后，间隔 8~12h，再配一次。"双重配"是在母山羊发情期内，用两只血缘关系较远的同一品种公山羊或用两只不同品种的公山羊和一只母山羊交配。第一只公山羊交配后，隔 5~10min 再用第二只公山羊来交配。

（二）山羊的自然交配

在组织山羊自然配种时应注意的事项有山羊的初配年龄、繁殖最佳年限、配种时间和季节、配种山羊的体质、做好配种计划和安排等。

山羊的初配年龄应依山羊的生长发育好坏和羊场性质而定。山羊发育好，体质好，生产山羊场可提早配种；山羊发育差，体质差，育种山羊场应晚点配种。实践证明，山羊初配年龄以 1.5 岁，初配体重为成年体重的 70% 为宜。

山羊的利用年限一般为 6~12 年。最佳繁殖年龄为 2~5 胎。

山羊的配种时间与母山羊的排卵及卵子保持受精能力有关。实践证明，理想的配种时间是母山羊发情后 12~24h，这期间受孕率高。在生产上常采用早上发现母山羊发情，下午配种，第二天早上再配一次。

山羊繁殖季节（发情配种）多集中在秋季或春季。山羊配种季节的确定，应依产羔时间而定。我国山羊产羔时间在冬季或春季。实践证明，冬羔的初生重、断乳重、生长发育、第一年越冬能力都比春羔好。配种产羔的具体时间应按当地的气候、饲草、羊舍、劳力等情况来决定。掌握的原则是：羔羊出生时有良好的生存条件，有利于羔羊的成活和生长发育，有利于母山羊增膘复壮。在我国南方还要顾及和避开高温季节或采取降温措施。

对与配公山羊和母山羊的要求是：发育良好的体质，健康的体况。公山羊要体型大，精力充沛，生长发育快，生产性能高。母山羊应泌乳性能高，母性好。

在山羊配种前要做好配种计划和配种安排。要对种山羊进行检查；要认真掌握母山羊的发情，对发情母山羊要及时配种。配种时要注意配种效果，注意观察羊只发情返群情况，纠正配种中不正确的技术。每次配种后要注意及时将公山羊和母山羊归群，要注意做好配种记录，记录的数据要注重真实性和准确性。

（三）山羊的人工授精

1. 山羊人工授精的准备

山羊人工授精应做好充分的准备。准备的项目有以下几个。

（1）采精场的准备。山羊的采精场应宽敞、平坦、安静、清洁，场内应设采精架，有条件的地方应建采精室。

（2）台羊的准备。若用发情母山羊作为台羊，应选择健康、体壮、大小适中、性情温顺的母山羊。采精前应将台羊的后躯清洁、擦干。保定好。

（3）山羊采精、输精、检查精液用的用具器械准备。包括清洁、消毒、安装、调试等工序。山羊采精前应准备好假阴道。用于山羊的假阴道是一筒状结构，主要由外壳、内胎和集精杯组成。外壳为硬橡皮筒，直径 4cm，长 20cm，厚 0.5cm，筒上有孔，上按橡皮塞，塞上有气嘴；内胎为软薄橡皮筒，直径 4cm，长 30cm。安装时，将内胎装在外壳橡皮筒内，将内胎用清水洗净，并用酒精含量 65% 的酒精棉消毒，从外层橡皮孔处用漏斗加入 50℃~55℃ 的热水 150~180mL，然后将消过毒的集精杯插入假阴道的一端，深 2~3cm。用玻璃棒取消毒凡士林涂于上端，使公山羊射精时有舒适滑润感。从气嘴吹入适量空气，以保持压力，使假阴道内松紧适度，恰好容纳公山羊阴茎插入。用消过毒的温度计测量内胎的温度，以 40℃~42℃ 为宜。

2. 采精方法

山羊采精使用假阴道法，采精时，采精人员右手拿假阴道，蹲伏在母羊臀部右侧（也可用假台羊），假阴道与地面呈 35°~40° 角。当公山羊爬跨时，用手指轻托其阴茎包皮，把阴茎导入假阴道内。公山羊射精后即缓慢地从母山羊身上爬下，采精人将假阴道顺从公山羊向后移下，然后立起，使集精杯一端向下。从气嘴部放气，取下采精杯加盖，记录射精量并进行精液品质检查。用温热碱水洗去假阴道内胎上残留的凡士林，再用温水冲洗，干燥，以备后用。

3. 山羊精液品质检查

山羊的精液品质检查在室温18℃~25℃下进行，用300~600倍显微镜检查精液。山羊射精量一般为0.8~1.2mL，平均为1mL，每毫升有10亿~40亿个精子，平均有25亿个精子；正常精液呈乳酪白色；精子活力为0.8以上（即80%的精子呈直线运动）；精子畸形率不超过14%；新鲜精液的酸碱度（pH）为6.5（6.4~6.6）。

山羊精液品质检查时应注意：采出的精液要迅速置于30℃左右的恒温水浴中；检查精液品质动作要迅速；评定结果力求准确；取样应有代表性；操作过程不应使精液品质受到危害；对精液品质标准要综合、全面地分析；检查精子时要注意精液中有无杂质或其他异物。

4. 山羊精液的稀释

山羊精液稀释就是在采集的山羊精液中添加一些配制好的、适宜精子存活并保持精子受精能力的溶液。这种溶液主要含有营养物质、缓冲剂、保护剂、抗生素等。山羊常用的精液稀释液有以下两种。

（1）牛乳与羊乳稀释液：将新鲜乳过滤，煮沸消毒10~15min，冷却至室温，除去上层乳皮即可用作稀释液。稀释比例为1∶2~1∶4。

（2）葡萄糖-卵黄稀释液：无水葡萄糖3g，枸橼酸钠1.4g，新鲜卵黄（不要蛋白）20mL，蒸馏水100mL。稀释比例为1∶2~1∶3。

山羊精液稀释的有效性取决于稀释液，因此在配制稀释液时应注意：蒸馏水要纯净，药品要准确称量，乳及蛋应新鲜，抗生素必须在稀释液冷却后再加入。稀释液与精液温度应保持一致。应沿管壁将一定量的稀释液慢慢倒入精液中。

5. 山羊冷冻精液的制作及应用

（1）山羊精液冷冻原理。山羊冷冻精液的基本制作原理就是使用一定的保护剂（加含甘油的稀释液），经过一定的降温程序，使精子不形成冰结晶而成为玻璃化状，保存于冰点（0.6℃）下的-196℃，而对精子无破坏作用，精子解冻后仍能复苏。实践证明，采用冷冻方法保存精液的关键在于克服精液在冷冻过程中的冰结晶问题。而冷冻精液在冷冻和解冻过程中快速降温和升温，又是保证冷冻精液活力的关键。

（2）山羊冷冻精液制作过程。山羊冷冻精液制作过程包括术前配制稀释液和采取山羊原精液，以及稀释、平衡、冷冻等。用于制作冷冻的山羊精液，应该是从山羊体内采取的新鲜精液，活力在0.7以上。用于山羊冷冻的稀释液配方有以下几种。

配方一：10%乳糖液71.5mL，卵黄25mL，甘油3.5mL。

配方二：蔗糖 12g，蒸馏水 73mL，卵黄 20mL。

配方三：葡萄糖 4g，枸橼酸钠 4g，蒸馏水 100mL，卵黄 30mL，甘油 16mL。

配方四：蔗糖 12g，枸橼酸钠 0.5g，蒸馏水 100mL，甘油 7mL，卵黄 20mL。

稀释时多采用一次稀释方法。稀释前应对精液进行活力检查，合格精液才适合稀释。稀释后的精液放在 0℃~5℃ 的冰箱或冰瓶内平衡 4~6h。制作的冷冻精液剂型，一般有颗粒和塑料细管或安瓿。均需封口后再进行平衡，然后进行冷冻。冷冻的冷源有干冰埋藏和液氮重蒸等，可根据条件，任选一种方法。

冷冻精液解冻后，精子活力应在 0.3 以上，稀释后活力在 0.4~0.5，每份冷冻精液含有效精子必须达到细管精液在 1000 万个以上、颗粒精液在 1200 万个以上的质量要求标准。

（3）精子的活力、密度检查。精子活力检查的方法是：颗粒冻精，取 2.9% 二水枸橼酸钠液 1~1.5mL，加温到 38℃±2℃，投放冻精 1 粒，轻轻摇动，使之迅速融化，用压片法立即在显微镜下检查；细管冻精，解冻后应混合，用压片法在显微镜下检查。检查用显微镜载台温度应保持 38℃~40℃。显微放大倍数以 450~600 为宜。

精液密度的检查用具以血球计算器为准。用光电比色计或其他电子仪器检查，均必须用血球计算器做出可靠校正值。

6. 母山羊的输精

输精用玻璃输精器。输精前，将母山羊置于固定架上，用泡沫塑料蘸水擦净母山羊外阴部，把消过毒的开腟器轻轻插入阴道，先检查阴道内有无疾病（如发炎、出血、化脓等），剔除病羊。轻轻转动开腟器找到子宫颈，然后将输精器通过开腟器插入子宫颈内 0.5~1cm，用大拇指轻压管塞，射入山羊精液。初配处女母山羊阴道狭窄，子宫颈有时不易找到，可采取阴道内输精，但输精量要增加，为了控制输精量，应调准注射量。输精后，取出开腟器，洗净，消毒。输精器尖端可用酒精含量 65% 的酒精棉擦拭，但要注意，不要使酒精流入输精器内。

母山羊的输精量，原精液 0.05~0.1mL，其中有效精子数为 5000 万个。采用阴道内输精时，输精量可增加到 0.1~0.2mL。

7. 山羊精液的保存和运输

（1）山羊精液的保存。山羊精液保存的常用方法有两种：一种是常温保存，就是在原精液中加入含有抗生素的稀释液后放在 10℃~25℃ 条件下保存。此方法适用于当日输精用的保存。另一种是低温保存，就是将稀释好的山羊精液分装在灭菌的安瓿或试管中，加塞封口，放在冰壶或冰箱中，使其在 0℃~5℃ 的低温条件下保存。采取此方法应逐渐缓慢降温，否则会引起山羊精子休克或死亡。保存时要求上下左右的温度一致，否则效果不好。

降温的方法是将盛有山羊精液的容器先放在冷水中，再放到冰水中，最后再放到冰箱或冰壶中保存。试验证明：用 4% 的枸橼酸钠加 5% 的卵黄液，按 1：6 稀释后的山羊精液装入试管中，然后用棉花包好，在 10℃~12℃ 条件下放 2h，在 8℃ 条件下放 2h，再放到 4℃ 条件下保存，其直线前进的精子为 70%，保存时间可达 72h。

（2）山羊精液的运输。山羊精液的运输与山羊精液保存是紧密结合的。精液运输的先决条件是有效地将山羊精液保存起来。精液运输时，必须注意按规定进行精液的稀释和保存。运输的精液应附有详细的说明书，标明站名、公羊品种和编号、采精日期、精液剂量、稀释液种类、稀释倍数、精子活力和密度等；包装应妥善严密，广口瓶内应充满冰块。若为常温精液，则应维持较低和恒定的温度，最好装在保温瓶内，瓶内加满冷水。运输过程中，尽量避免剧烈震动和碰撞，液氮罐尤其应细心使用，妥善保管。

四 母山羊的妊娠

（一）母山羊的妊娠诊断

确定母山羊怀孕的方法有以下几种。

1. 外部观察法

母山羊配种怀孕后，一般外部表现为：周期发情停止，食欲增加，营养状况改善，毛色润泽，性情变得温顺，行为谨慎安稳。怀孕 3~4 月后，腹部增大，且腹壁向右侧突出。在母山羊配种后 18~22 天不再发情，一般认定为已怀孕。

2. 试情法

采用试情公山羊在每天出牧或收牧时对配种母山羊试情。在配种 18~22 天后不再接受试情公山羊的爬跨，也可认定此山羊已怀孕。

3. 直肠检查法

直肠检查法也称为妊娠山羊直肠-腹壁触诊法。母山羊在触诊前应停食一夜。触诊时，先将母山羊仰卧保定，用肥皂水灌肠，排出直肠宿粪，然后将涂润滑剂的触诊棒（直径 1.5cm、长 50cm、前端弹头形、光滑的木棒或塑料棒）插入肛门，贴近脊柱，以托起胎胞。同时另一只手在腹壁触摸，如能触及块状实体为妊娠。如果摸到触诊棒，应再使棒回到脊柱处反复挑动触摸，如仍摸到触诊棒，即为未孕。此法检查配种后的孕羊，准确率可达 95%。配种 85 天后的准确率为 100%。但需要注意防止直肠损伤。配种 115 天以后的母山羊要慎用。

4. 免疫学诊断法

可采用红细胞凝集试验作为孕羊的早期诊断。早期怀孕的母山羊含有特异性抗原。这种抗原在受精后第 2 天就能从孕羊的血液中检查出来，而且在第 8 天经常可以从所有试验母羊的胚胎、子宫及黄体中鉴定出来。这种抗原是与红细胞结合在一起的，用它制备的抗怀孕血清，与怀孕 10~15 天的母羊的红细胞混合时出现红细胞凝集现象。如果没有怀孕，由于没有与红细胞结合的抗原，只有抗血清，红细胞不发生凝集现象。

5. 孕酮水平测定法

怀孕母山羊，血液孕酮含量显著增加，用放射免疫法或蛋白结合竞争法测定血浆或乳汁中孕酮含量，以判定母山羊是否怀孕。据测定，17 天的孕羊每毫升血浆孕酮含量为0.5ng，高者可达 6ng。

（二）母山羊的预产期推算

母山羊的妊娠期一般为 150 天，怀孕母山羊的预产期推算的简单方法是：配种月份加5，配种日数减 2。

五 母山羊的分娩

（一）母山羊临产前的表现

母山羊分娩前，在生理和形态上会发生一系列变化，根据这些变化的全面观察，往往可以大致预测分娩时间，以便做好助产的准备。

母山羊的乳房在分娩前迅速发育，腺体充实，有的母山羊在乳房底部出现水肿。临近分娩时，可以从乳头中挤出少量清亮胶状液体或少量的初乳，有的出现漏乳现象。分娩前几天，乳头增大变粗，但营养不良的母山羊，乳头变化不是很明显。母山羊的外阴部在临近分娩前几天，阴唇逐渐柔软、肿胀、增大，阴唇皮肤上的皱襞展开，皮肤稍变红。阴道黏膜潮红，黏液由浓厚黏稠变为稀薄滑润。母山羊在分娩前骨盆韧带松弛，怀孕末期荐坐韧带变软，临产前更明显，在尾根及后部两旁可见到明显的凹陷，手摸如同面团状，行走时可见明显的颤动，这是临产前的一个典型征兆。母山羊在分娩前的行动表现也发生变化，分娩前 6~12h，离群独立，常在墙角用两前肢轮回刨地，有的母山羊还发出呻吟声，食欲减少，目光迟钝，站立不动，时起时卧。

（二）正常分娩时的助产

母山羊在一昼夜各时间都能产羔，但在上午 9~12 时或下午 3~6 时产羔稍多，胎衣通常在分娩后 2~4h 排出，随后子宫很快复原。因此在母山羊正常分娩时，助产人员不应干预，只需监视其分娩情况和做好羔羊的护理。若胎羔头部露出阴门之外，羊膜尚未破裂，则应立即撕破羊膜，使胎羔鼻端暴露于外，防止窒息。有时当羊水流出，胎羔尚未产出，母山羊阵缩及努责又减弱时，可抓住胎羔头部及两前肢，随母山羊的努责沿着骨盆轴方向拉出。倒生时更应迅速拉出，避免胎羔的胸部在母羊骨盆内停留过久，脐带被嵌压以致供氧中断。站立分娩的母山羊，多见于初产母山羊，应用双手接住胎羔。

助产前应注意做好清洁、消毒及助产箱内必备物资的准备，如产房的清洁、消毒，助产人员双手的清洁及消毒剪刀、毛巾、纱布和消毒药物等的准备。

（三）异常分娩时的助产

母山羊的难产原因有产力性难产、产道性难产和胎羔性难产3种。前两种是由于母山羊反常引起的，多见于阵缩、努责微弱和产道狭窄；后一种是由胎羔反常引起的，多见于胎羔过大、双胎难产及胎羔姿势不正。在以上3种难产中以胎羔性难产最为多见。由于山羊胎羔的头颈和四肢较长，容易发生姿势不正，其中主要是胎头姿势反常。初产母山羊因骨盆狭窄、胎羔过大常出现难产。

母山羊胎羔过大难产时的助产：在母山羊破水后20min左右，母山羊不努责，胎膜未出来时就应助产。助产前应查明难产情况，重点检查母山羊的产道是否干燥、有无水肿或狭窄、子宫颈开张程度等。检查胎羔是否正生及姿势、胎位、胎向的变化，而且要判断胎羔的死、活等。这对助产方法的选定具有重要的作用。助产的方法主要是强行拉出胎羔。助产员应先将手指甲剪短磨光，洗净手臂，并消毒，涂上润滑油。当胎羔过大时，助产员先将母山羊阴门撑开，把胎羔的两前肢拉出来再送进去，重复3~4次，然后一手拉前肢，一手扶胎羔头，随着母山羊的努责，慢慢向后下方拉出。拉时不要用力过猛，也可将两手指伸入母山羊肛门内，隔着直肠壁顶住胎羔的头部与子宫阵缩配合拉出，只要不伤及产道，能达到助产的目的就可。如果体重过大的胎羔兼有胎位不正时，应先将母山羊身体后部用草垫高，将胎羔露出部分推回，伸手入产道摸清胎位，予以纠正后再拉出。

助产时，除挽救母山羊和胎羔之外，要注意保护母山羊的繁殖力。因此要避免产道的感染和损伤，特别是使用器械时尤应小心。母山羊横卧保定时，需尽量将胎羔的异常部分向上，以利于操作。助产后，为预防感染和促进子宫收缩，排出胎衣，除注射抗生素药物之外，还应注射催产药物，如注射催产素10~20IU等。

（四）羔羊护理

羔羊出生后，由母体内转为母体外，生活环境骤然发生改变，为使其逐渐适应外界环境，必须做好羔羊的护理。护理的重点在于防止窒息、擦干黏液、断脐带、保温等。

1. 防止窒息

羔羊出生后，应迅速清除羔羊口腔和呼吸道的黏液和羊水。若黏液过多，可将羔羊两后肢提起，使头向下，轻拍胸腔，然后用纱布擦净口中或鼻腔中的黏液。也可用胶管插入鼻孔或气管用注射器吸出。羔羊发生窒息时，还可通过插入气管的胶管，每隔数秒钟徐徐吹气一次，但吹气的力量不可过大，以防损坏肺泡。

2. 擦干黏液

羔羊身上的黏液可由母山羊舔干净。若母山羊恋羔性弱，可将羔羊身上的黏液涂在母山羊嘴上，或者在羔羊身上撒些麸皮，再令母山羊舔食，以促使建立母山羊与羔羊的感情。

3. 断脐带

母山羊产羔后站起来，让羔羊脐带自然断裂是最好的断脐法。在羔羊脐带断端涂上5%碘酊消毒。若羔羊脐带未断，可用消毒剪刀剪断，然后结扎，但要认真消毒，以防引起脐带发炎。

4. 保温

冬季及早春如果天气寒冷，应注意保温。刚产出的羔羊应马上用干净布块或干草抹干，以免羔羊受凉。

5. 哺乳

新生羔羊站立后，就有吮乳的本能要求。因此母山羊分娩完毕后，应将母山羊的乳房清理好，用温水洗净乳房，挤出几滴初乳，帮助出生羔羊找到母羊乳头。

 六 山羊的发情控制

（一）母山羊不发情的原因

母山羊不发情的原因很多，主要是由于饲养管理不当或生殖器官患病而造成的。营养是保证山羊繁殖的重要因素，适当的营养水平对维持山羊的内分泌系统的正常机能是必要的。营养水平影响山羊内分泌腺合成和释放激素的作用。试验证明，低水平的能量、蛋白质、矿物质和维生素都会影响和阻碍未成年公山羊和母山羊生殖器官的正常发育。繁殖母山羊饲喂低于维持营养需要的日粮或放牧在灌木少生、杂草缺生的牧地上就会出现体膘过瘦。过瘦的母山羊会导致脑垂体分泌机能不正常分泌激素，使卵细胞不能正常发育，造成母山羊不发情。相反，营养水平过高又会使繁殖母山羊体膘过肥。过肥的母山羊卵巢被脂肪所浸润，阻碍卵细胞发育，造成母山羊不发情。因此要使母山羊正常发情应保持适量营养水平，保持中等体膘。

由于山羊对自然环境具有依赖性和选择性，而生态资源又对山羊的繁殖力和生产力具有限制性和保护性，因此为母山羊创造适宜的环境条件有利于母山羊的发情和排卵。山羊是典型的短日照动物，怕热，所以母山羊处于高温条件下和长日照的饲养环境中都会造成母山羊不发情。实践证明，母山羊的发情周期在秋、冬短日照期间进行重复，这时脑垂体前叶分泌大量促性腺激素刺激母山羊排卵和引起母山羊发情。另外，在生产上出现种用体膘的母山羊不发情也可能是由于生殖器官患病造成的。

（二）诱发母山羊发情的措施

诱发母山羊发情的措施有以下几个。

（1）注射孕马血清促性腺激素。这种激素存在于孕马的血清中，是一种糖蛋白，在临床上常用来代替促卵泡素，可促使母山羊的卵巢内卵泡的发育和成熟，促进母山羊发情和排卵。这种激素可在卵泡期注射，不适宜在黄体期注射。注射量不宜太多，使用时可在后肢内侧皮下注射200~400IU，注射后24h起至6天内为有效期。在有效期内可试情，发情母山羊可输精。

（2）改变气候条件，利用人工控制光照和温度。改变母山羊的环境条件，模拟配种季节的气候和日照类型，可诱发母山羊发情。

（3）改善饲养管理条件。对体膘过瘦的母山羊采取短期优饲，促膘发情的措施；对体膘过肥的母山羊采取减少精料，增加青料的措施，使母山羊在种用膘情下，促其发情。

（4）对于哺乳母山羊，可采取提早断乳，并结合激素处理以诱发母山羊发情，可得到良好的效果。

（三）母山羊的超数排卵

母山羊的超数排卵是进行胚胎移植时对供体母山羊首先必不可少的措施，也是增加母山羊产羔数、提高繁殖力的重要措施。

母山羊的超数排卵是指在母山羊发情周期的适当时间，注射促性腺激素，使卵巢中比一般情况下有较多的卵泡发育并排卵。母山羊的超数排卵处理有两种情况：一种是为了提高产仔数。在处理后，经过配种，使母山羊正常妊娠，使母山羊由不孕变有孕，由产单羔变为产双羔或三羔等。在这种情况下，母山羊排卵数以3~4个为宜。另一种情况是结合胚胎移植进行。在这种情况下，母山羊排卵数以10~20个为宜。

母山羊超数排卵的主要措施如下。

（1）选好供体母山羊。应选择健康的、生长发育好、生殖器官发育正常、年龄在3岁以上、最好不要超过7岁的、有专门生产性能的母山羊作为供体山羊，并为供体山羊提供好的饲养管理条件，以发挥供体母山羊增排的作用。

（2）注射生殖激素。由于超数排卵的处理，通常是使周期性发情的母山羊的卵巢机能进一步增强，更大程度地提高其活性，不断要引起发情排卵，而且是多排卵。因此，在处理方法上，既要注射促卵泡成熟的激素，又要注射促进排卵的激素。被选母山羊在预定发情期到来之前4天，即发情周期的第12~13天，肌内注射（或皮下注射）孕马血清促性腺激素 750~1000IU，出现发情后或配种当日，肌内注射或静脉注射绒毛膜促性腺激素 500~750IU。当实际应用这一方法时，应先对小部分母山羊进行鉴定性试验，根据结果再对大群母山羊进行处理。

（3）取卵应结合母山羊的胚胎移植进行。

（四）母山羊的同期发情

山羊的同期发情是一项繁殖新技术，也称为同步发情，就是利用外源激素制剂人为地控制并调整一群母山羊发情周期的过程，使之在预定时间内集中发情，以便有计划地、合理地组织配种。它便于母山羊的人工授精，特别适合胚胎移植手术。在同期发情结合定时人工授精，可获得很高的受孕率。

山羊同期发情处理的基本方法有两个：一是采用缩短黄体寿命的方法使用溶黄体素（如前列腺素或类似物）促使所有被处理的母山羊黄体溶解；二是使用孕酮或合成孕激素延长黄体寿命，取代将退化或已退化的黄体，阻止卵泡发育。这时停用孕激素，所有被处理的母山羊黄体期同时结束。虽然这两种方法所用激素不同，作用各异，但处理结果相同，即都是使其黄体期同时结束而出现同期发情。

母山羊同期发情的具体处理方法有以下几个。

（1）阴道栓塞法。取塑料泡沫（2.5cm×3cm）一块，拴上细线，消毒，晾干，浸孕激素制剂的油溶液，母山羊外阴部消毒，以长柄消毒钳将此泡沫塞入子宫颈口处，放置 14~16 天取出。当天注射孕马血清促性腺激素 400~750IU。2~3 天后被处理的大多数母山羊表现发情，发情当天或次日受精。药物用量：孕酮 150~300mg。

（2）口服法。每日口服孕激素制剂，持续 12~14 天，每日用量为阴道栓塞法的 1/6~1/5。最后一次口服的当天，注射孕马血清促性腺激素 400~750IU。

（3）前列腺素法。将一定量的前列腺素或类似物在母山羊发情结束数日后向子宫内灌入或肌内注射，能在 2~3 天内引起多数母山羊发情。前列腺素的用量可参照牛的用量，按体重相应减少。牛的用量是子宫颈内注射 2~3mg，肌内注射 20~30mg。若同时配合使用孕马血清促性腺激素，可提高同期发情率和受孕率。

 ## 山羊繁殖的措施

（一）提高山羊繁殖力的主要措施

提高山羊繁殖力是当前养山羊遇到的现实问题，这不仅关系到养羊场的生产效益，也关系到山羊业的发展。总结各地经验，提高山羊繁殖力的主要措施有以下几个。

（1）改善饲养管理，保证公山羊和母山羊有一个理想的种用体膘，这是提高任何类型种用山羊繁殖力的一个关键措施。实践证明，全年抓好山羊的放牧，是改善饲养管理的重要环节。所以，应建设好草山草坡，保证有一个好的牧地放牧山羊，山羊吃饱了，就会增进体膘。公山羊和母山羊有了体膘，不仅种公山羊精液品质好，也能使种母山羊发情整齐，促其排卵数增加。所以有的地方养山羊采取"伏前抓膘，伏后配种"的措施；有的地方对公山羊和母山羊在配种前实行"短期优饲"的措施，都取得了好的效果。

（2）提高适龄母羊在羊群中的比例，占总羊数的60%，即可增加产羔数，提高繁殖力。

（3）选留产多羔的种山羊。由于山羊产羔数受遗传影响，因此产出双羔的母羊，因其遗传因子的作用而具有较高的双羔率，这样既可提高山羊的繁殖力，又可增加生产效益。

（4）淘汰不孕母山羊。母山羊第一次不孕时，就应查明原因，不好的山羊应及早淘汰。

（5）引入多产羔羊的山羊品种。特别是高产良种公山羊应适当引进，或者引进高产良种公羊的精液，以本地山羊为母本，进行选配。

（6）改进配种方法。采用人工授精，运用超数排卵等新技术，都可取得提高山羊繁殖力的良好效果。

（二）保证种山羊的正常繁殖

山羊的繁殖力受遗传因素和环境因素的影响。要保持种用山羊正常繁殖，不仅要在繁殖方面采取有效措施，而且还要在遗传育种和饲养管理方面采取配套的措施，才能取得良好的效果。

1. 严格选种

对种用山羊的要求是：既要生产性能好，又要繁殖性能好，如果繁殖性能不好，那么种用价值也不大。所以选种时，必须把繁殖性能作为必要的内容。在系谱鉴定时，应注意祖先有无由遗传原因而造成的繁殖障碍；在个体鉴定时，应认真检查种山羊的生殖器官，公山羊的精液品质，母山羊的乳房发育情况；在后裔鉴定时，应评定产羔性能和哺乳性能。同时还要选择耐高温的公山羊（在热带地区）和做好后备种山羊的选育，使种羊群有60%的母山羊处于适繁状态。

2. 合理配种

配种前要做好配种安排，并制定和落实相应的管理措施。要合理使用种公山羊。种公山羊合理使用的方法，就是要用于配种，1天采精1~2次，个别健康的1天采精3次为宜。正常情况下，应按安排的日程和地点采精，不要任意变动。对正常发情的母山羊要及时配种繁殖，对不发情的母山羊要检查原因，采取针对性措施，以保证正常繁殖。

3. 加强饲养管理

在饲养方面，应根据种公山羊的体况和配种任务，长期均衡、全面适量地提供蛋白质、维生素、矿物质等营养。贫乏饲养和过度饲养都不利于种公山羊的正常繁殖。空怀母山羊的营养水平不宜过高或过低，母山羊的体况一般以 7~8 成膘为宜。在管理上要创造一个清洁卫生、通风干燥、舒适安静、冬暖夏凉的环境。在炎热的夏季应采取降温措施。在配种前 30 天，采取放牧抓膘、短期优饲。这些做法是保持种用山羊正常繁殖的重要措施。

项目三　山羊的饲料与加工

项目简介

　　本项目根据山羊的采食习性和消化特点，对山羊饲料基地进行规划，在校内山羊养殖场饲料基地分单项完成优质牧草分组栽培与管理，各类饲料、饲草加工，配制山羊补饲日粮。在校外山羊养殖场进行综合实训，由校外兼职教师进行考核和评价。

任务一　牧草栽培与管理

【任务介绍】

　　在校内山羊养殖场饲料基地，选择优质牧草分组栽培与管理。

【知识目标】

　　1. 掌握山羊的采食习性和消化特点。

　　2. 掌握山羊常用的饲料。

【技能目标】

　　掌握牧草的栽培技术与管理方法。

山羊采食习性和消化特点

（一）山羊的采食习性

（1）山羊采食面广。山羊的食性很杂，能吃百样草，嫩枝、落叶、灌木、杂草、菜叶、果皮、藤蔓、荚壳等都可用作山羊的饲料，甚至连牛、马难以采食的短草、草根，山羊也能采食。

（2）喜欢采食幼嫩灌木枝叶。在各种可被山羊利用的植物中，山羊特别喜欢采食幼嫩的灌木枝叶。在放牧时，常常见到有些山羊为了采食较高的灌木，可以直立着后肢，将前肢攀在树干上，采食树梢上的嫩枝。所以在有灌木的山区，很适宜山羊的放牧。

（3）山羊喜食多叶、茎柔软多汁、适口性好的矮草、嫩草。因此，放牧时，应选择草质好、矮草多的地方作为牧地。

（4）山羊爱吃新鲜清洁的草，喜饮干净流动的水。如果饮水污浊、草料霉烂、污染粪便或经践踏，带有气味，它宁愿挨饿、忍渴。所以在饲养管理上要注意清洁，草料应放在草架饲槽上，不要丢在运动场或羊舍内。

（5）山羊不喜欢连续采食一种饲草，也不喜欢一次吃饱，所以给山羊吃的草应多种多样，宜少喂多餐，一般以放牧饲养最为理想。

（二）山羊的消化特点

1. 山羊咀嚼粗饲料的能力强

山羊的嘴较尖，上唇中央有一纵沟，增加了上唇的灵活性，口唇灵活，下腭门齿锐利，上腭具有坚硬而光滑的硬腭，臼齿咀嚼粗饲料的能力强。

2. 山羊是复胃动物

山羊的胃分成 4 室，即瘤胃、蜂巢胃、重瓣胃、真胃或皱胃，且胃容积大，占整个胃肠道的 66.9%，其中瘤胃容积占 52.9%，蜂巢胃占 4.5%，重瓣胃占 2%，皱胃占 7.5%。

3. 山羊的小肠长，有利于营养物质的吸收

山羊的肠总长度为 32.73m，而小肠就占了 26.2m。小肠是消化吸收营养的主要器官，山羊的小肠不但长，而且特别弯曲，更有利于营养物质的吸收。

由于山羊具有以上 3 个消化特点，因此构成了山羊采食广、消化利用饲料能力强的特性。

 山羊饲料的分类

山羊常用的饲料按其来源可分为植物性饲料、动物性饲料、矿物质饲料和特殊饲料等

4 种类型。

1. 植物性饲料

植物性饲料是饲养山羊的主要饲料类型，各类山羊的饲养都是以植物性饲料为基础料，也是来源最丰富、利用最广泛的一类饲料。根据纤维素和水分含量的多少，通常又把植物性饲料分为青饲料、秸秆饲料、多汁饲料和精料等。

（1）青饲料：一般鲜嫩的青绿植物，除有毒植物之外都可用作山羊的青饲料。具体包括各种新鲜野草、栽培牧草、青刈饲料、树叶和灌木等。用各种青饲料调制的青贮料和青干草因其成分与性质同青饲料，也包括在其中。

（2）秸秆饲料：包括各类秸秆和秕壳。粗纤维含量高，营养价值低。这类饲料是山羊常用饲料，但这类饲料应加工处理，提高适口性和消化性，从而提高饲料的利用价值。

（3）多汁饲料：包括南瓜、马铃薯、萝卜、饲用胡萝卜等。

（4）精料：常用的有玉米、大麦、小麦、高粱等籽实类饲料和麸皮、豆饼、米糠、豆腐渣等加工副产品。这类饲料是山羊用来补充蛋白质和能量不足的。饲养山羊的原则应是青料为主，辅以精料。

2. 动物性饲料

在生产中常用的动物性饲料有羊乳、牛乳、蛋类等，主要在配种季节为种公羊增加营养和培育羔羊用。

3. 矿物质饲料

矿物质饲料主要有食盐、骨粉、石灰石粉、磷酸钙、贝壳粉等，主要用于补充饲料中矿物质不足。

4. 特殊饲料——尿素

尿素是山羊瘤胃微生物利用其中的氨转化为菌体蛋白，满足蛋白质需要。

三 山羊的饲料来源

要养好山羊，就要有充足的饲料，因此必须广开饲料来源，保证山羊饲料长年不断。在解决山羊饲料来源问题上，广大牧民在实践中积累了丰富的经验。他们的措施是广泛收集、种植放养和加工贮存。就是在天然野草生长旺季，收集大量野草、树叶，进行加工贮存，同时还可因地制宜，种植一些高产青饲料。加工贮存方式大体有 3 种：①晒干贮存。夏秋季节，山羊吃不完的青绿饲料晒成青干草，供山羊食用。②制成青贮料。将优质青草等进行青贮，在冬季代替青料喂山羊。③窖藏部分新鲜的青饲料和多汁饲料，以备补料之用。

实践证明，为合理解决山羊饲料来源，还需要做好以下 3 项工作。

（1）充分利用自然资源，广泛收集饲料。绿色的野草和树叶山羊喜欢吃，又富含营养，应充分利用。在牧地多、草质好的地区，应划区轮牧。要保护好草山草坡，改良好草场。还要抓紧时机收集饲草，进行加工调制。在牧地少、草质差的地区，除延长山羊的放牧时间之外，也应将树叶、野草收集回来喂山羊。牧民的经验是："下地不空手，回家不空篓""突击采集与经常收集相结合"。

（2）农牧结合，大搞饲料生产。适当种一些豆科牧草，既培养了地力，又提供了蛋白质、维生素饲料，从而促进农牧双丰收。

（3）及时加工贮藏。充分利用农副产品，特别是植物的秸秆、叶蔓和秕壳。这类饲料历年以来就是饲养山羊的粗饲料，应在收集粮食作物的同时，积极收集这类饲料，应充分加工利用起来。若要干贮，则应尽快晒干和堆好；若要青贮，则应尽早调制，以保存更多的养分。

四 牧草栽培技术要点

1. 播种材料及土壤耕作准备

（1）播种材料：播种牧草时要备好种子材料，如粒种、果实、块根、块茎等。种子要求纯净度高，粒大饱满，整齐一致，生命力强，健康而无病虫害。休眠的种子需要打破休眠。禾本科种子芒多则需去芒，豆科牧草需要时应进行根瘤菌接种。

栽培牧草的病虫害多由牧草传播，所以种子播前还需要消毒处理。苜蓿等牧草的菌核病、菟丝子病及禾草的麦角病等，可通过盐水渍选或筛除。豆科草的叶斑病，禾草的根瘤病、赤霉病、秆黑穗病、散黑穗病等，可用1%的石灰水浸种。苜蓿的轮纹病、玉米的干瘤病等可用福尔马林浸种。三叶草的花霉病、禾草的秆黑粉病、豆草的轮纹病等可用菲醌拌种。福美双、菱锈灵等药物也适合拌种。利用温水浸种也可防治很多病害。

（2）土壤耕作：凡是种植农作物采用的各种普通措施，在种植牧草时一般都是必要的。需要特别注意的是，由于牧草种子一般很细小，苗期的生长又很缓慢，因此播种牧草的苗床更应精耕细作，施足底肥，以利促苗。同时，在苗期可能侵染的杂草，应尽量消灭在播种之前。

2. 播种时间、播种量及播种方法

（1）播种时间：可分为春播、夏播和秋播，具体确定在什么时候播种，主要根据温度、水分、牧草的生物学特性、田间杂草危害程度和利用目的等因素而定。一般而言，当土壤温度上升到种子发芽所需要的最低温度，墒情好，杂草少，病虫害危害轻的时期播种较适宜。干旱地区主要考虑土壤墒情，寒冷地区重点考虑牧草的越冬性。

（2）播种量：一般粒大种子播种量多于粒小种子；收草地播种量多于收种草地；撒播

用种量多于条播，而条播多于穴播；早春气温低或干旱地区播种，播种量应高于早春气温回升快或湿润地区；种子质量差、土壤条件不好的情况下，均应加大播种量。

（3）播种方法：有条播、撒播、带肥播种和犁沟播种等方法。

条播是指每隔一定距离将种子播种成行，并随播随覆土的播种方法。湿润地区或有灌溉条件的地区，行距一般为15cm左右；在干旱条件下，通常采用30cm的行距。收种用草地行距一般为45~100cm。

撒播是把种子均匀撒在土壤表面，然后轻耙覆土。寒冷地区可在冬季把种子撒在地面不覆土，借助结冻和融化的自然作用把种子埋入土中。

带肥播种是在播种时，把肥料施于种子下面，施肥深度一般在播种深度以下4~6cm处，主要是施磷肥。

犁沟播种可在干旱和半干旱地区、地表干土层较厚的情况下采用。方法是使用机械、畜力或人力开沟，将种子撒在犁沟的湿润土层上，犁沟不耙平，待当年牧草收割或生长季结束后，再用耙耙平。高寒地区也可用这种方法播种，以提高牧草的越冬率。

（4）播种深度：由种子大小、土壤的含水量和土壤质地而决定，一般以2~4cm为宜。沙质土壤小粒种子播深2cm左右，大粒种子3~4cm为宜。黏壤土1.5~2cm，土壤越黏则播种深度越浅。

3. 牧草混播

豆科牧草和禾本科牧草混播是常见的混播方式。选择混播种子应充分考虑经济利用目的及不同利用状况下混播种子的变化。牧草的寿命、分蘖（分枝）特性及株丛的形状与混播种子的选择有密切关系。混播的基本方法有以下几种。

（1）同行播种：各种牧草播种于一行，行距为15cm。

（2）交叉播种：一种或数种牧草与另一种或另几种牧草垂直方向播种。

（3）间条播：3种以上牧草播种时，每种牧草相间条播。

（4）宽窄行相应播种：15cm窄行与30cm宽行相间条播。

（5）撒条播：条播与撒播相结合。

4. 保护播种

在种植多年生牧草时，为了减少杂草对牧草幼苗的危害，提高播种当年单位面积的收获量，同时防止水土流失，经常把牧草播种在一年生作物之下，这种播种形式称为保护播种，一年生作物则称为保护作物。保护作物一般应分蘖少、成熟早，最初发育速度比牧草慢。生产中要全部满足这些条件是不容易的，但选择保护作物必须充分考虑这些条件。小麦、大麦、燕麦、豌豆、苏丹草、谷子、玉米、高粱、大豆等都可作为保护作物。牧草种类、地区类别、土壤状况、生产条件、经济利用等因素决定了保护作物的选择，同时也决定可否采取保护播种。因为保护作物会严重影响牧草头 1~2 年的生长，特别是在干旱地区影响最明显，所以进行保护播种应综合各方面因素。

保护播种的基本方法有保护作物和多年生牧草之间的条播、交叉播种、间行条播等，间行条播的优越性较大。

为了减轻作物对牧草的抑制作用，作物应及时收割，最好在入冬前给牧草留出 1 个月以上的单独生长时间。如果因施肥或气候等原因，保护作物生长过于繁茂，可以全部或部分割掉。有些牧草生长第二年发育仍然缓慢，加强除杂管理是不容忽视的措施。

任务二 山羊的饲料加工

【任务介绍】

在校内山羊养殖场对各类饲料分组进行加工制作。

【知识目标】

1. 掌握山羊各类饲料的营养特点。
2. 掌握山羊各类饲料的利用。

【技能目标】

掌握山羊各类饲料的加工制作方法。

 青饲料的营养特点及应用

青饲料是一种营养丰富而且营养物质含量全面，能为山羊机体提供全价的营养物质，又是山羊喜欢采食、适口性好的一种优质饲料。在应用上主要以青绿饲料、青干草和青贮饲料为主。

青饲料基本含有山羊所需要的营养物质，它更有精料不能完全代替的特性。青饲料中蛋白质含量一般比较高。禾本科牧草与蔬菜类饲料的粗蛋白质含量达 1.5%~3%，豆科青饲料在 3.2%~4.4%，如按干样计算，前者粗蛋白质含量达 13%~15%，后者可达 18%~24%。由于青饲料都是植物体的营养器官，一般含赖氨酸较多，因此其蛋白质品质优于谷类籽实蛋白质。另外，在幼嫩的饲草中含有 1/3 的非蛋白含氮物，这些非蛋白含氮物的主要成分为氨基酸和酰胺，有助于蛋白质的合成。青料中含有占干物质 4%~30% 的可溶性碳水化合物（包括聚果糖、葡萄糖、果糖、蔗糖等）；还含有 20%~30% 的纤维素和 10%~30% 半纤维素，这两种多糖类物质可视为碳水化合物的重要来源。而碳水化合物又是山羊能量的来源。充足的碳水化合物就能保证山羊的能量需要。青料中含有占干物质 4% 的脂肪，脂肪是提供山羊能量的高效能源，也是山羊需要的高能营养物质。青料中含有丰富的胡萝卜素，胡萝卜素是维生素 A 的前体；还含有其他维生素，是多种维生素的主要来源。青料含有丰富钙、磷等矿物质。有些青料还含有一些比正常激素功能弱的雌性激素物质，它可以引起未成熟的青年母山羊发情，对肥育也有效果。青饲料不仅营养比较全面，且适口性好，消化率高，是含水分多的大体积饲料。吃了青料，母山羊繁殖机能正常，发情整齐；公山羊性欲旺盛，精液品质好；羔羊、青年羊生长发育迅速；成年山羊产乳量高，毛皮品质好，体重增加，体质变好，健康、病少，所以青饲料是养山羊的基础饲料，它对山羊又有很好的效能性作用。

1. 青干草的制作

青干草也是用来饲喂山羊的一种主要饲料，特别是天然牧草缺乏的地区和野草生长少的冬季，用青干草喂山羊是解决饲料的一种有效措施。青干草不仅可以用作山羊的维持饲料，还可作为山羊的生产饲料。在生长中的青年山羊、繁殖中的公山羊和母山羊、泌乳中的母山羊，在日粮中使用优质干草都有较好的效果。所以制作大量优质干草，以保证全年饲料均衡供应，是稳步发展山羊业的重要措施。

青干草的调制一般多采用自然干燥的方法，包括田间干燥法、架上晒草法和褐色干草等。在田间晒制干草，可根据当地气候、牧草生长、人力和设备条件的不同而采取平铺晒草、小堆晒草或两者结合等方式进行，以能更多地保存青饲料中的养分为原则。也就是将青草刈割以后，即可在原地或另选一地势较高处，将青刈草摊开晒，每隔数小时将草适当翻晒，以加速水分蒸发；待水分降到 50% 左右时，就可把青草堆集成 1m 高的小堆，任其在小堆内逐渐风干，并在小堆外层盖以塑料布，以防恶劣天气；待天晴时，再倒堆翻晒，直到干燥为止。

雨多地区或逢阴雨季节的晒草，宜采用草架上干燥。草架以轻便坚固，并能拆开为佳。在架上晾晒的青草，要放成圆锥形或屋脊形，要堆得蓬松些，厚度不超过 80cm，离地面应有 20~30cm，堆中应留通道，以利于空气流通，外层要平整保持一定倾斜度，以便排水。在架上干燥时间需 1~3 周，根据天气而定。

晒草季节如遇阴雨连绵，可将已割下的青草平铺风干，使水分减到 50% 左右，然后分层堆积 3~5m。为防止发酵过度，应逐层堆紧，每堆撒上青草重量 0.5%~1% 的食盐，调制褐色干草，需 30~60 天才可完成，也可适时把草堆打开，使水分蒸发。

2. 青贮饲料的制作

青贮就是在密封条件下，使青绿饲料发酵后能够在相当长的时间内保持其质量相对稳定的一种保鲜技术。青饲料质地柔软、适口性好、采食量大、消化利用率高，青贮饲料不用煮，直接饲喂，可节约大量的燃料。

青贮原料来源比较广泛，各种青绿的农作物秸秆、蔬菜叶、鲜绿的植物叶秆、野菜、野草、水花生、浮萍等都可以制成良好的青贮饲料。

目前青贮方式常用青贮池和青贮袋。青贮池的池式多种多样，可以建在地上，也可以建在地下或一半在地上一半在地下。池子最好为长方形，可在池的中间砌一隔墙，即成为双联池，双联池可以轮换制作青贮料，同时可避免取料过程中发生二次发酵。青贮池要求不透气、不漏水，在距畜舍最近的地方建设。池子要有一定深度，池壁垂直而光滑，池底保证距离地下水位至少 60cm 以上。池的大小可根据饲养牲畜规模和青贮原料数量而定。青贮袋一般由聚乙烯加厚塑料薄膜制成，主要用于青贮红薯藤、蔬菜叶等较柔软的原料，每只可装原料 80~100kg。使用时注意不要扎通，以免漏气；不接近火源，防止鼠咬。装贮后如发现有小洞，应及时用胶布粘贴两层以防漏气。饲养量少的适用于塑料袋进行青贮。

在青贮饲料的制作过程中，适当的水分、糖分、温度、切碎、压实、封严，是做好青贮的几个基本条件。

（1）水分。一般青贮饲料适宜的含水量为 70%~75%，以原料切碎后握在手里，手中感到湿润，但不滴水为宜，最低不少于 55%。以豆科牧草做原料时，其含水量以 60%~70% 为宜。水分不足的可喷些水，水分过高可掺些干草粉、糠麸等。

（2）糖分。原料中可溶性糖分最低含量为 2%。含糖不足时可掺入含糖量较高的青绿植物混合青贮或加入适量糠麸、淀粉等。

（3）温度。青贮最适宜的温度为 20℃，最高不超过 37℃。

（4）切碎。原料长度一般应在 2cm 以内，便于压实、排气。一般粗硬原料适当切短，细软原料可适当长些，喂牛、羊可适当切长一些，喂猪可切短些。青贮料切碎后要求当天装完。

（5）压实。原料装池时要边切边贮，边贮边压实。当小规模操作时可一层层踩实，如果是大池青贮，可用拖拉机压实。特别要注意边角不留缝隙。原料装满后，要高出池面 20cm 以上，以保证下沉后不漏气或不渗进雨水。

（6）封严。原料填满压实后，覆上一层塑料薄膜封严，再覆土 20~50cm。封顶 2~3 天后要随时观察，发现原料下沉，应在下陷处填土，经 30~45 天，青贮料即可制作成功。

青贮饲料的品质判定十分重要，检查青贮工艺制作成功与否的标志如下。

（1）气味。正常青贮料有酸香味和醇香味，给人舒适的感觉；品质较差的一般表现为香味淡或有刺鼻酸味，甚至有异臭和腐败气味。

（2）颜色。原料的不同会使青贮料的颜色有所不同，收割适时并及时处理的原料为青绿色或黄绿色，中等的颜色暗淡，呈暗绿色或褐色，低劣的呈褐色或黑色。

（3）质地。松散柔软紧密，稍有湿润，能够分辨出原料的形状。品质差的青贮料有质地松散干燥或黏成一团、腐烂等现象。

青贮饲料在使用时应注意以下事项。

（1）青贮料的使用注意事项。

取料：一般经过 30～45 天，便可开封取喂。取料时做好人员、工具等必备条件的准备，要求 1 天取料一次，取料结束立刻密封窖口。青贮袋取料，取料后要扎严，因为青贮饲料与空气直接接触，容易发霉变质，影响饲用价值。

饲喂：饲喂时应有一个逐渐过渡的适应过程。青贮料饲喂量应由少到多，经过 7～10 天逐渐达到正常用量。停喂时也要由多到少逐步减少；在育肥（牛、羊）阶段或奶牛泌乳前期、中期，饲喂青贮料不能时有时断，以避免因饲料变化太大而引起牲畜消化功能的紊乱。

（2）饲喂青贮料的注意事项。

对幼畜和妊娠后期的母畜等，应控制青贮料饲喂量。幼畜消化粗纤维的能力差，消化功能发育不全，喂量大会影响其生长发育。怀孕后期母畜用含水量大或结冻的青贮饲料，会刺激胃肠蠕动而有轻泻，尤其是气温低时饲喂大量青贮料易造成母畜流产。

青贮料应与其他料或精料充分搅拌均匀后一起饲喂。一般每日喂量为 4～6kg/只。青贮料如果酸度过大，应适当调整酸碱度并控制喂量。可在青贮料中加入适量 5%～10% 的石灰水，也可以在混合精料中添加碳酸氢钠（小苏打）等缓冲物质，小苏打占混合精料的1.5%～2%，喂时要与草料充分拌和。若青贮料含水量过高，尤其是底部饲料，可取出晾晒一下，降低含水量后再喂。

 ## 秸秆饲料的营养特点及应用

秸秆饲料是农作物籽实收割以后的茎叶部分。主要有禾本科秸秆和豆科秸秆两部分，前者包括玉米秸秆、麦秸秆、稻草等；后者包括大豆秸秆、蚕豆秸秆、豌豆秸秆等。这类饲料虽然是山羊在缺草的情况下所采用的一种饲草，但由于这类饲料粗纤维含量高，因此有机物质的消化率低，营养价值低。为了提高秸秆饲料的利用价值，增加秸秆饲料的适口性和消化性，提高秸秆饲料的转化效能，对秸秆进行氨化处理。

1. 秸秆饲料氨化处理

秸秆饲料氨化处理是在农作物秸秆中加入一定比例的氨水、液氨、尿素或尿素溶液等，以改变秸秆的结构形态，提高家畜对秸秆的消化率和秸秆的营养价值的一种化学处理方法。它是迄今既经济简便，而又实用的处理方法。该方法简单易行，成本低廉，不污染环境，各种农作物秸秆都可进行处理。

秸秆饲料的氨化处理方法，目前我国农村主要采用堆垛氨化法。堆垛氨化法又称为堆贮法或垛贮法，是指将秸秆堆垛在一起，用塑料薄膜密封，注入氨化剂进行氨化处理的一种方法。经氨化处理的秸秆饲料，山羊的采食量和消化率可提高20%左右，蛋白质可提高1~2倍，氨还可防止饲料发霉。

2. 碱化饲料的制作

秸秆饲料用氢氧化钠或石灰水等碱性物质处理后，可改善其适口性，提高消化率。在化学药剂的侵蚀下，使秸秆细胞壁中的硅酸和木质素被破坏，细胞壁变得疏松，细胞结构改变，纤维素膨胀，给山羊瘤胃中具有消化纤维素能力的细菌创造了有利条件，同时消化液能深入接触细胞中的营养物质。实践证明，用碱处理的秸秆，其消化率可提高70%~75%，粗纤维可增加到80%。但是，在碱化过程中，饲料中的蛋白质可能被溶解，维生素受到破坏。所以，这种调制方法只适用于营养价值较差的秸秆饲料。

碱化处理秸秆最简便的方法是石灰水处理法。取3kg生石灰或4kg熟石灰，加水200~250kg，制成溶液。为了增加适口性，可加入1kg食盐。充分搅拌均匀，倒入100kg切碎的秸秆，浸泡5~15min，捞出放在木板上压实，经过2~3h，再用石灰溶液浇通一遍，放置24~36h，使调制的秸秆饲料进一步熟化后可喂。也可把切短的秸秆放入1%~2%石灰水中浸泡12h。还可将秸秆切成3~5cm长，用3%熟石灰溶液或1%生石灰溶液处理。100kg切碎秸秆需要石灰水溶液300kg，在缸中或水泥池中浸泡24h，捞出沥去石灰水即可饲用。石灰水溶液可以继续利用，但需在100kg石灰水溶液中加入0.5kg生石灰，保持一定的浓度。当石灰水呈褐色，有臭味时，必须重新配制新鲜的石灰水溶液。

 块茎多汁饲料的营养特点及应用

用于山羊饲料的块根类饲料有胡萝卜、萝卜、甘薯、马铃薯等。这类饲料可以地上收茎叶，地下收块根、块茎，因此，产量高。在地上收获的藤蔓为其地下块根、块茎产量的1.5~2倍。块根类饲料不仅产量高，而且还可以与其他作物间作、套种和轮种，充分利用土地，增加粮食和饲料生产，所以是高产饲料；也是喂饲山羊的良好饲料。

块根类饲料的特点是：水分含量高，不易保存，相对干物质含量少，属于大容积饲料。就干物质而言，含纤维素少，一般含量为2.6%~3.24%或8.0%~12.5%，无氮浸出物含量高，其含量为 67.5%~88.1%，而且多为易消化的淀粉。但是，块根类饲料含蛋白质、矿物质、B 族维生素少。

为了充分利用块根类饲料，发挥其使用价值，在饲喂时应注意以下几点。

（1）应与富含蛋白质的饲料搭配饲喂。例如，块根、块茎饲料与苜蓿干草混合饲喂，并加喂食盐、骨粉等矿物质，其喂饲效果较好。

（2）应与含纤维素多的饲料混合饲喂。例如，与麦麸等粗纤维含量高的饲料混合喂饲，效果较好。

（3）最好连同茎叶一起切小掺入适量干草粉进行青贮，比用窖藏效果好。

（4）要洗净、切片饲喂；要预防染有黑斑病的甘薯和含有氰酸的木薯中毒。

（四）精料的营养特点及应用

在山羊的饲养中，常用的精料有玉米、大麦、小麦、高粱等籽实类饲料和麸皮、豆饼、米糠、豆腐渣等加工副产品。这类饲料是山羊用来补充蛋白质和能量不足的。无氮浸出物高，主要是淀粉，又称为能量饲料。豆类精料蛋白质含量丰富，特别是某些必需氨基酸。谷类含丰富的 B 族维生素和维生素 E，缺少维生素 A 和维生素 D，脂肪含量少。

舍饲山羊以精料为主，放牧山羊以青料为主，辅以精料，但冬季牧草缺乏，需补充大量精料，以满足自身生长需要。

1. 糖化饲料的制作

在山羊喜欢吃的禾本科籽实中的玉米、高粱、大麦、小麦等，这类饲料含丰富的无氮浸出物，占干物质的 71.6%~80.3%，而且其中主要是淀粉。依其收割与贮藏的条件，一般占 82%~90%。而糖分（可溶性碳水化合物）的含量仅为 0.5%~2%。为了增进其适口性，提高其消化率，促进这类饲料的转化效能，采取加酶发酵的方法，使其中一部分淀粉转化为麦芽糖，使这些禾本科籽实含糖率提高到 8%~12%。

由于糖化饲料带有甜香味，不仅可以改善饲料的适口性，也有助于消化。

糖化饲料的调制方法为：先将谷物籽实（玉米、大麦、小麦、高粱）磨碎，放入制作糖化饲料用的缸内，厚度不超过 30cm，然后倒入 2~2.5 倍体积 80℃~90℃的热水，充分搅拌均匀。为了不使饲料温度迅速下降，可以在饲料表面撒上一层厚约 5cm 的干料面，盖上盖来保温。糖化时间一般需 3~4h。在这段时间内，饲料温度应保持在 55℃~66℃。温度太低，不仅糖化不透，反而会变酸。如果需加快糖化进程，提高糖化量，还可加入相当于干料重量 2% 的麦芽曲，效果更好。糖化饲料储存时间最好不超过 10h，以随制随喂为原则，而且要注意调制用具的清洁卫生。存放过久或用具不干净，常易引起酸败变质，效果不好。

2. 籽实类饲料的利用

在配合山羊特别是乳用山羊的日粮时，经常以籽实类饲料作为能量和蛋白质的补充饲料。常用的籽实有禾本科的玉米、燕麦、高粱、稻谷等；豆科有大豆、蚕豆、豌豆等。

禾本科籽实饲料含无氮浸出物高，占干物质的 71.6%~80.3%，而且其中主要是淀粉，所含能量高，故又称为能量饲料，是山羊，特别是乳用山羊日粮中的主要能量饲料来源。禾本科籽实的蛋白质含量占 8.9%~13.5%（占干物质）。在蛋白质中某些必需氨基酸，特别是赖氨酸与蛋氨酸的含量分别为 0.31%~0.69% 与 0.16%~0.23%。脂肪含量少，矿物质中缺乏钙，一般都低于 0.1%。而磷的含量可达 0.31%~0.45%。谷实中所含的磷有相当一部分属于肌醇六磷酸盐（植物盐）。含丰富的 B 族维生素和维生素 E，缺少维生素 A 和维生素 D。

豆科籽实饲料的蛋白质含量丰富，一般为 20%~40%，且蛋白质品质好，特别是赖氨酸含量比较高，蚕豆、豌豆分别为 1.80% 与 1.76%，是山羊日粮蛋白质的主要来源。但是豆科籽实饲料含热能较禾本科籽实饲料低，含磷多于含钙，缺乏胡萝卜素。所以使用豆科籽实饲料作为山羊日粮配合饲料时，应该与富含热能和维生素的饲料搭配饲喂。

在生产实践中，禾本科籽实饲料与豆科籽实饲料搭配喂饲，只能起到营养互补的作用。如果要提高饲料的利用价值，就要注意对这类饲料的调制，使之增加其适口性和消化性，提高这类饲料的转化效能。

3. 糟渣类饲料的利用

在生产中，特别是奶山羊生产中用糟渣类饲料喂山羊。常用的糟渣饲料有豆腐渣、甜菜渣及甘蔗渣等。

豆腐渣主要是以大豆为原料加工豆腐的副产品。鲜豆渣含水 80% 以上，含粗蛋白质 4.7%；干豆腐渣含粗蛋白质 25%。豆腐渣含水多，容易酸败，如果喂多了容易引起羔羊拉稀。豆腐渣也缺乏维生素。实践证明，豆腐渣应新鲜饲喂，喂前应将水挤出或与糠麸类饲料混合饲喂。有的养殖户采用与糠麸、青料混合饲喂，效果较好。

甜菜渣是用甜菜制糖加工时剩余的残渣，含水量大约为 85%，不能长期贮存，可干燥后贮存。甜菜渣的主要成分是可溶性无氮浸出物，而蛋白质含量少，钙含量多，磷含量少，适口性强，含纤维素较多，容易消化，含热量高，是哺乳山羊、乳用山羊的补充料。单独饲喂时，要补充钙、蛋白质。实践证明，与豆科青料混合喂饲效果较好。

甘蔗渣是用甘蔗制糖后的残渣。甘蔗渣含有较丰富的碳水化合物，但纤维素含量高，在原料含水 10.3% 的情况下，木质素含量达 20%，因此，未加工处理时，适口性和营养价值差，所以应加工调制。为提高甘蔗渣的利用效果，采用"碱化蔗渣+糖蜜+尿素"制作成青贮料。由于这类饲料质地松软，具有果香味，适口性好，营养价值高的特点，因此饲喂效果较好。

动物性饲料的营养特点及应用

动物性饲料主要指畜禽、鱼类和乳品加工的副产品，以及蚕蛹等，包括全乳、脱脂乳、肉骨粉、鱼粉、血粉、羽毛粉、蚕蛹粉、胶原蛋白粉等。在生产中常用的动物性饲料有羊乳、牛乳、蛋类等。其营养特点是粗蛋白质含量高，达 50%~80%，品质优，必需氨基酸齐全，且不含纤维素，消化利用率高。另外，还富含 B 族维生素，维生素 A、维生素 D 及矿物质微量元素；钙、磷比例也较协调。这类饲料可提高日粮的全价性，一般用作种公羊和羔羊的补充料，在肉羊日粮中应用不普遍。

 矿物质饲料的营养特点及应用

在山羊生产中，常用的矿物质饲料主要有食盐、骨粉、石粉、磷酸钙、贝壳粉等，主要用于补充饲料中矿物质的不足。食盐的主要成分是氯化钠，具有补充钠和氯的不足，促进唾液分泌，增强食欲的作用。贝壳粉由贝壳煅烧粉碎而成，含钙 34%~40%，是钙补充剂。石粉即石灰石粉，为天然碳酸钙，一般含钙 34%左右，是补充钙质最廉价的原料。骨粉是动物杂骨经高温、高压、脱脂、脱胶后粉碎而成的，一般含钙 30%以上，含磷 14%左右。磷酸氢钙一般含钙 20%以上，含磷 18%左右，近年来作为重要的磷源应用广泛。

天然饲料中都含有矿物元素，但存在成分不全、含量不一等问题。因此，在舍饲时及放牧中的繁殖母羊、种公羊和处于生长发育阶段的小羊要适当补充一些矿物质，特别是食盐的补充。食盐中含有钠、氯化合物及其他微量元素（海盐中的碘、钴）等矿物质。钠和氯有助于维持体细胞的渗透作用，协助运送养分和排泄物。氯和钠还是血液中不可缺少的元素，也是胃液中盐酸的重要组成成分。食盐还能促进蛋白质的消化和利用，增加食欲。山羊是食草动物，每天采食的饲料多为植物性饲料。植物性饲料大都含钠和氯的数量极少，相反含钾丰富，尤其是山羊又是以放牧为主的草食动物，在放牧中采食到的饲草，钠、氯含量更显差距性的变化，造成生理上的不平衡。为了创造山羊生理上的平衡，满足其钠、氯的需要，以植物性为主食的山羊，应补给食盐。食盐还可以改善山羊的口味，增进山羊的食欲，具有调味剂的作用。食盐喂饲量应占日粮风干物质的 1%。在缺碘地区，为了满足山羊对碘的需要，应在给山羊喂饲食盐时，采用碘化食盐。如果无现存碘化食盐时，可以自配，在食盐中混入碘化钾，用量要使其中碘的含量达到 0.007%为度。但应注意配合技术，必须使碘在盐中均匀分布。如果不均匀，就可能引起碘中毒。碘容易挥发，应注意密封保存。由于商品碘化食盐，已经使碘稳定化，因此问题不大。在生产中山羊喂饲的方法有：将食盐混于补料中喂饲；也可在竹筒内装饱和盐水吊在羊舍内，供山羊自由舔食。

七 尿素的合理利用

山羊是食草动物，具有反刍特点。在瘤胃中脲酶能将尿素分解成二氧化碳和氨。而瘤胃中的微生物可利用氨进行生长和繁殖，合成菌体蛋白。这些菌体蛋白可被山羊消化利用，满足体内蛋白质的需要。

尿素、双缩脲或某些铵盐都是广泛应用的非蛋白氮饲料，它的营养价值只是提供瘤胃微生物合成蛋白质所需的氮源，从而起到补充蛋白质的作用。纯尿素含氮量可高达47%。如果这些氮全部被微生物合成蛋白质，那么 1kg 尿素相当于 2.8kg 粗蛋白质的营养价值，相当于 7kg 豆饼中含蛋白质的营养价值。尿素只能作为氮的补充来源，不能代替日粮中全部粗蛋白质，只能替代其中的 25%～30%。因尿素缺乏能量，故要混在富含能量或富含碳水化合物及适量脂肪的饲料中喂饲。尿素只适于喂饲青年山羊和成年山羊，因羔羊瘤胃中微生物区系不完全，饲喂尿素不能合成菌体蛋白，反而容易中毒。喂饲尿素时，饲料中应富含碳水化合物，不能与大豆、豆饼、苕子及苜蓿等一起喂饲。因为这些饲料中含有脲酶，同这些饲料一起喂饲，容易引起中毒。如果将大豆或豆饼用高温处理，脲酶被破坏后再用则无害。

尿素的喂饲量一般不超过日粮干物质的 2%，或者按每 10kg 体重喂饲 2g，尿素喂饲量不超过日粮总氮量的 1/3 为原则。每日应分 2～3 次喂饲。切忌饮用或单独喂饲。若喂饲不当，喂后 20～30min，则会出现尿素中毒。若出现中毒症状时，可静脉注射 10%～25% 葡萄糖注射液，每次 100～200mL；或者请兽医抢治。

八 水对山羊的重要作用

水是山羊机体的重要组成成分。一般羔羊机体含水量达 80%～85%。成年山羊体内含水量达 50%～60%。水对山羊的生命起着重要的作用，主要作用是在体内运输养分、排泄废物、调节体温、帮助消化、促进细胞和组织的化学作用及调节组织的渗透压等，因此水是山羊不可缺少的营养物质。据研究，山羊可失去所有的脂肪和一半以上的肌肉，仍能存活，但若损失身体水分的 10%，则可导致山羊发病，有的甚至迅速死亡，因此，饲养山羊每日必须供给山羊充足的水分。

山羊体内需要的水分，虽然可以利用有限的体内代谢水和饲料中的水，但饮水则是山羊摄取水分的重要来源。据报道，体重 18～20kg 的山羊，每天每只山羊平均需要饮 680g 自由水。山羊的饮水量与气温和采食干物质量有关，在干燥季节每只山羊每天饮水 720g，3 倍于潮湿季节的饮水量。食入干物质量与水的饮入量之比为 1∶4～1∶5 时，乳用山羊产乳量最高；肉用山羊则为 1∶4.4。在放牧条件下，由于青饲料中含水量高，山羊随草吃入的水分量也多，因此干物质与水之比要超过1∶4.4。所以，饲养山羊要给饮水，而且要符合卫生要求。可在羊舍内及山羊运动场内设立饮水装置，让山羊自由饮用，效果最好。但供水装置要经常清洗，饮水要经常更换，使之保持清洁卫生。

任务三　山羊的日粮搭配

【任务介绍】

在校内山羊养殖场，对不同生长阶段的山羊，根据各阶段生长规律及营养需求，合理搭配日粮组成。

【知识目标】

1. 掌握山羊的营养需要。

2. 掌握山羊的日粮搭配。

【技能目标】

掌握山羊各阶段生长规律及营养需求，根据山羊不同生长阶段正确合理搭配日粮组成。

一　山羊的营养需要

（一）山羊需要的营养物质及来源

山羊需要的营养物质有碳水化合物、蛋白质、矿物质、维生素及水等。这些营养物质是山羊生命活动、生产产品、繁衍后代的基础。缺乏这些营养物质或这些营养物质不平衡，或者这些营养物质过度都会影响山羊的健康、生产、繁殖。

山羊所需营养物质来源于饲料。山羊吃的是饲料，利用的是饲料中的营养物质。其中，能量主要来源于饲料中的碳水化合物、脂肪和蛋白质。碳水化合物包括粗纤维和无氮浸出物。蛋白质主要来源于饲料中的粗蛋白质。由于山羊是食草动物，瘤胃中的微生物可以改变饲料中的蛋白质，使其从植物性蛋白质转化为动物性蛋白质，尤其可以通过瘤胃微生物利用饲料中的非蛋白氮和特殊饲料的尿素，将这些物质转化为菌体蛋白，供山羊体利用，因此山羊与单胃动物相比，对蛋白质的品质要求不甚严格。除正在生长发育的幼年山羊和高产山羊之外，日粮中必需氨基酸的供应不甚突出。

由于山羊所需的矿物质主要来源于饲料中的灰分，因此除了饲料多样化，还要经常注意补加食盐和骨粉。

山羊所需维生素来源于饲料。青料是其主要提供者。

山羊所需水分主要来源于饲料中的水分和饮水。

（二）山羊生长发育的规律

1. 山羊生长发育有其阶段性

在山羊生长发育的全过程中，有胚胎时期和生后时期。山羊在胚胎时期主要表现在胚胎前期绝对增长不大，但分化很强烈，因此对营养的质量要求较高。在胚胎的后期，特别是胎羔期，绝对增重很快，分化趋于稳定。所以母山羊在怀孕后期对营养物质的数量要求很大，以保证迅速生长所需的物质基础；山羊在生后时期，按其生理机能特点有哺乳期、幼年期、青年期、成年期和老年期之分，即出生到断乳、断乳到性成熟、性成熟到生理成熟、生理成熟到衰老。展示出身体各组织器官的结构逐渐发育完善、生理机能逐渐成熟，而后又逐渐衰退。表现出种用价值和经济价值的提高和减退。

2. 山羊生长发育的不平衡性

体重增长表现出早期生长快的特点。年龄越小生长强度越大，胚胎期比生后期的生长强度大，幼年期比成年期生长强度大。山羊在胚胎期头部的生长最强盛，而后是四肢增长加快，因此出生后山羊的头部比较大，四肢比较长。山羊生后长度增长最迅速，其次是深度，最后是宽度，长、宽、深的增长强度有规律地更替。

3. 山羊的体重增长受制于遗传与饲养两方面的因素

据测定，初生重的遗传力为 0.45，断乳重的遗传力为 0.32，1 岁重的遗传力为 0.28，日增重的遗传力为 0.33。因此，在生产实践中应加强选种和饲养管理。

（三）山羊的补偿生长规律

山羊的补偿生长是指正在生长发育的山羊，由于短期内饲料缺乏，营养水平不足，而导致发育不良，但当补给充足饲料，提高营养水平时，受阻部分表现出较强的生长能力，特别在体重方面，发育不全的器官和组织也可能得到完全的补偿。

在生产实践中常见到由于饲养不善而引起山羊生长受阻的现象，尤其以放牧的山羊，在冬季枯草季节较为常见，这时不仅体重停止增长或减轻，外形或组织器官也会发生相应的变化，这种现象称为发育不全现象。山羊出生后遭受营养不良表现出一种体型，称为幼稚型，其特征仍然保持幼年时的外形特征。若营养不足延续到性成熟，则性机能也会受到影响，后期生长的组织器官（如骨骼、乳房、肌肉）也会受到影响。这种现象能否补偿视影响时间长短而定。实践证明，在生长发育的早期（生后3月龄以前），生长发育受到严重影响时，下一阶段（3~6月龄）便很难进行补偿，因此应抓好早期的饲养管理，特别是母山羊怀孕后期和生后哺乳期的饲养管理。

母山羊严重营养不足时，一般在胚胎发育后期才能较显著地抑制胎羔的发育。从胚胎发育到成年期某一部分处于生长强度最大时，遭受营养不足的时间不长、发育不全的器官和组织可能得到完全补偿，但生长时间需要延长。

当山羊体重因营养不足而造成损失时，肌肉、脂肪、骨骼的重量减少是同时发生的。其中，脂肪和肌肉的损失多，骨骼损失少；当体重因营养得到补偿时，肌肉、脂肪、骨骼也是同时增加的，肌肉恢复最快，脂肪恢复最慢。

（四）母山羊泌乳的规律

山羊的产乳性能因品种、个体、年龄、胎次、产羔季节及饲养管理条件不同而有差异，呈现出规律性的变化。

奶山羊的泌乳期一般为9~10个月。第一胎的产乳量与其终生产乳量有显著的关系，在第一胎产后30天、90天的泌乳量和最高日产乳都与第一胎总泌乳量有显著的关系。在正常的饲养管理条件下，绝大多数奶山羊以第三胎产乳量最高。奶山羊最佳利用产乳胎次为2~5胎，一般利用年限可达6~8胎。母山羊出现产乳高峰在产后40天左右（20~60天）。低产乳羊产乳高峰出现较早，在产后20~30天，下降也快。高产乳山羊泌乳高峰期出现较晚，在产后40~50天，下降也慢。总之，奶山羊泌乳期产乳量的规律为：第2~3泌乳月产乳量最高，1~5个泌乳月为泌乳期，泌乳初期因催乳素等激素作用和山羊妊娠期体内营养物质的积贮，泌乳量一般逐渐上升，泌乳2~3个月以后，催乳激素的作用和代谢机能减弱。泌乳量逐渐下降，但下降的快慢与母山羊的营养状况、饲养水平、气候的变化等因素有关。奶山羊的产乳量还随体重的增加而增加。

奶山羊乳脂率的变化规律为：分娩初期乳脂率高，可达8%~10%。随着泌乳量增加，乳脂率渐减，泌乳高峰降到最低值，为3%~4%，到泌乳末期，泌乳量显著减少，乳脂率又稍有增高。

（五）营养水平对山羊的生长发育和生产力的影响

山羊的生长发育快慢、生产水平的高低受遗传和环境因素影响。饲养中的营养水平是影响山羊生长发育和生产水平的重要环境因素。在生产实践中，母山羊在怀孕期，特别是怀孕后期，得不到其所需要的营养物质，就会使胎羔发育不全，生出来的羔羊体弱多病；哺乳羔羊及幼年山羊得不到充足的营养，就会使生长发育受阻；成年山羊如果长期处于低营养水平，就会使肉用山羊产肉性能下降、体重减轻、肉的品质变差；乳用山羊产乳性能下降、乳的品质变差；毛用山羊和绒用山羊的产毛量和产绒量下降，毛绒由细变粗，毛的光泽度变暗淡，毛皮山羊所产的毛皮质量差；种用公山羊如果长期处于低营养水平，就会使精液品质下降，繁殖力下降；种用母山羊如果长期处于低营养水平，就会导致母山羊卵泡发育受阻，使种母山羊不能正常发情及按时排卵，配种受孕率低。总之，营养水平对当代山羊的影响是多方面的，特别是对山羊的经济性状的影响大。在放牧条件下，枯草季节时山羊缺草，如果饲养不当，就会导致营养缺乏。在生产实践中，用于山羊的日粮，营养过量或缺乏及营养配比不当都会影响山羊的生长发育和生产力，所以，放牧山羊要注重抓秋膘，注重枯草季节的放牧和补料；舍饲山羊，在日粮配合时，要注意选用多种多样饲料搭配，保证营养的适量，做到营养的互补。

 二 山羊的日粮搭配

（一）奶山羊的日粮搭配

奶山羊的日粮就是乳用山羊一昼夜所采食的各种饲料的总量（饲粮）。乳用山羊日粮的搭配就是以乳用山羊的饲养标准为依据，选择不同数量的几种饲料组配成日粮。一个好的乳用山羊的日粮配方，应在日粮中营养含量符合乳用山羊的营养标准，并在喂饲实践中产生增效功能。

在配合乳用山羊日粮时，要把各种饲料搭配好，应注意的事项如下。

（1）山羊是食草动物，其日粮饲料搭配应首先考虑青料这类基础日粮的采食量和从青料中摄取的营养量，然后对照乳用山羊的饲养标准，用乳用山羊营养标准中规定的各类营养减去青料中各类营养，求出尚欠营养量，并据此选取混合料来补充。

（2）乳用山羊的日粮配合，要依据乳用山羊的饲养标准，由各种饲料组配，组配的饲料要适合乳用山羊的采食习性和消化特点，这样才有利于山羊的采食和消化，也有利于配合日粮的转化效能，提高饲料的利用效益。

（3）乳用山羊的日粮在饲料搭配上要注意精、粗比例适当。例如，高产乳山羊的精、粗比为4∶6；低产乳用山羊的精、粗比为3∶7。

（4）乳用山羊日粮在饲料搭配上要注意配合饲料的营养性、在生产中的有效性和安全无害，还要注意配合日粮容积的适量性。

（5）要保持一定的粗纤维的含量，配合日粮中粗纤维含量以15%~20%为宜。

（6）所选饲料要新鲜、清洁，尽可能是本地来源容易的饲料。

（7）饲料搭配的营养量要根据奶山羊的产乳量、山羊体况、妊娠期、干乳期做适当的调整，使其适于需要，发挥效用。

（二）肉羊的日粮搭配

1. 种公羊的日粮

种公羊的饲料要求营养含量高，有足量优质的蛋白质、维生素 A、维生素 D 及无机盐等，并且容易消化、适口性好。种公羊的日粮应根据非配种期和配种期的不同饲养标准来配合，再结合种公羊的个体差异做适当调整。

（1）非配种期种公羊的日粮。非配种季节要保证热能、蛋白质、维生素和矿物质等的充分供给。一般来说，体重 80~90kg 的种公羊，每天需 1.5kg 左右的饲料，150g 左右的可消化蛋白质。配种期每日补喂混合精料 0.5kg，干草 3kg，胡萝卜 0.5kg，食盐 5~10g，骨粉 5g。为进一步提高种公羊的射精量和精液品质，可在配种前 1 个月，在精料中添加二氢吡啶，每天用量为 100ppm，一次性喂给，直至配种结束。

（2）配种期种公羊的日粮。一般应从配种预备期（配种前 1~1.5 个月）开始增加精料喂饲量，一般为配种期饲养标准的 60%~70%，然后逐渐增加到配种期的标准。种公羊的饲养标准如表 3-1 所示。

表 3-1　种公羊的饲养标准

饲养期	体重/ kg	风干饲料/ kg	消化能/ MJ	可消化粗蛋白质/g	钙/g	磷/g	食盐/ g	胡萝卜素/ mg
非配种期	70	1.8~2.1	16.7~20.5	110~140	5~6	2.5~3	10~15	15~20
	80	1.9~2.2	18~21.8	120~150	6~7	3~4	10~15	15~20
	90	2~2.4	19.2~23	130~160	7~8	4~5	10~15	15~20
	100	2.1~2.5	20.5~25.1	140~170	8~9	5~6	10~15	15~20
配种期（1）	70	2.2~2.6	23~27.2	190~240	9~10	7~7.5	15~20	20~30
	80	2.3~2.7	24.3~29.3	200~250	9~11	7.5~8	15~20	20~30
	90	2.4~2.8	25.9~31	210~260	10~12	8~9	15~20	20~30
	100	2.5~3	26.8~31.8	220~270	11~13	8.5~9.5	15~20	20~30
配种期（2）	70	2.4~2.8	25.9~31	260~370	13~14	9~10	15~20	30~40
	80	2.6~3	28.5~33.5	280~380	14~15	10~11	15~20	30~40
	90	2.7~3.1	29.7~34.7	290~390	15~16	11~12	15~20	30~40
	100	2.8~3.2	31~36	310~400	16~17	12~13	15~20	30~40

注：配种期（1）为配种 2~3 次；配种期（2）为配种 3~4 次。

2. 母羊的日粮搭配

母羊的饲养管理包括空怀期、妊娠期和哺乳期 3 个阶段。

（1）空怀期的日粮。空怀期是指羔羊断乳到配种受孕时期。此期的营养好坏直接影响配种、妊娠状况。为此，应在配种前1个月按饲养标准配制日粮进行短期优饲，优饲日粮应逐渐减少，如果受精卵着床期间营养水平骤然下降，就会导致胚胎死亡。空怀母羊的饲养标准如表3-2所示。

表3-2 空怀母羊的饲养标准

月龄	体重/kg	风干饲料/kg	消化能/MJ	可消化粗蛋白质/g	钙/g	磷/g	食盐/g	胡萝卜素/mg
4~6	25~30	1.2	10.9~13.4	70~90	3~4	2~3	5~8	5~8
6~8	30~36	1.3	12.6~14.6	72~95	4~5.2	2.8~3.2	6~9	6~8
8~10	36~42	1.4	14.6~16.7	73~95	4.5~5.5	3~3.5	7~10	6~8
10~12	37~45	1.5	14.6~17.2	75~100	5.2~6	3.2~3.6	8~11	7~9
12~18	42~50	1.6	14.6~17.2	75~95	5.5~6.5	3.2~3.6	8~11	7~9

（2）妊娠期的日粮。母羊的妊娠期平均为150天，分为妊娠前期和妊娠后期。妊娠前期是受孕后前3个月，胎羔绝对生长速度较慢，所需营养少，但要避免吃霉烂饲料，不要让妊娠母羊猛跑，不饮冰碴水，以防早期隐性流产。妊娠母羊的饲养标准如表3-3所示。

表3-3 妊娠母羊的饲养标准

妊娠期	体重/kg	风干饲料/kg	消化能/MJ	可消化粗蛋白质/g	钙/g	磷/g	食盐/g	胡萝卜素/mg
妊娠前期	40	1.6	12.6~15.9	70~80	3~4	2~2.5	8~10	8~10
	50	1.8	14.2~17.6	75~90	3.2~4.5	2.5~3	8~10	8~10
	60	2	15.9~18.4	80~85	4~5	3~4	8~10	8~10
	70	2.2	16.7~19.2	85~100	4.5~5.5	3.8~4.5	8~10	8~10
妊娠后期	40	1.8	15.1~18.8	80~110	6~7	3.5~4	8~10	10~12
	50	2	18.4~21.3	90~120	7~8	4~4.5	8~10	10~12
	60	2.2	20.1~21.8	95~130	8~9	4~5	9~12	10~12
	70	2.4	21.8~23.4	100~140	8.5~9.5	4.5~5.5	9~12	10~12

（3）哺乳期的日粮。哺乳期大约90天，一般将哺乳期划分为哺乳前期和哺乳后期。哺乳前期是羔羊生后前两个月，其营养来源主要靠母乳。监测表明，羔羊每增重1kg需耗母乳5~6kg，为满足羔羊快速生长发育的需要，必须提高母羊的营养水平，以提高泌乳量。饲料应尽可能多提供优质干草、青贮料及多汁饲料，饮水要充足。母羊泌乳量一般在产后30~40天达到最高峰，50~60天后开始下降，同时羔羊采食能力增强，对母乳的依赖

性降低。因此，应逐渐减少母羊的日粮喂饲量，逐步过渡到空怀母羊日粮标准。哺乳期母羊的饲养标准如表3-4所示。

表3-4　哺乳期母羊的饲养标准

羔羊数	体重/kg	风干饲料/kg	消化能/MJ	可消化粗蛋白质/g	钙/g	磷/g	食盐/g	胡萝卜素/mg
单羔	40	2	18~23.4	100~150	7~8	4~5	10~12	6~8
	50	2.2	19.2~24.7	170~190	7.5~8.5	4.5~5.5	12~14	6~8
	60	2.4	23.4~25.9	180~200	8~9	4.6~5.6	13~15	8~12
	70	2.6	24.3~27.2	180~200	8.5~9.5	4.8~5.8	13~15	9~15
双羔	40	2.8	21.8~28.5	150~200	8~10	5.5~6	13~15	8~10
	50	3	23.4~29.7	180~220	9~11	6~6.5	14~16	9~12
	60	3	24.7~31	190~230	9.5~11.5	6~7	15~17	10~13
	70	3.2	25.9~33.5	200~240	10~12	6.2~7.5	15~17	12~15

3. 羔羊和育成羊的日粮

（1）羔羊的日粮。羔羊在初生后0.5h内应该保证吃到初乳，对吃不到初乳的羔羊，最好能让其吃到其他母羊的初乳，否则很难成活。对不会吃乳的羔羊要进行人工辅助。

（2）育成羊的日粮。育成羊是指由断乳至初配的公羊和母羊，即4~18个月龄期间的公母羊。育成羊在每一个越冬期间正是生长发育的旺盛时间，在良好的饲养条件下，会有很高的增重能力。育成羊的饲养标准如表3-5所示。

表3-5　育成羊的饲养标准

月龄	体重/kg	风干饲料/kg	消化能/MJ	可消化粗蛋白质/g	钙/g	磷/g	食盐/g	胡萝卜素/mg
4~6	30~40	1.4	14.6~16.7	90~100	4~5	2.5~3.8	6~12	5~10
6~8	37~42	1.6	16.7~18.8	95~115	5~6.3	3~4	6~12	5~10
8~10	42~48	1.8	16.7~20.9	100~125	5.5~6.5	3.5~4.3	6~12	5~10
10~12	46~53	2	20.1~23	110~135	6~7	4~4.5	6~12	5~10
12~18	53~70	2.2	20.1~23.4	120~140	6.5~7.2	4.5~5	6~12	5~10

公羊和母羊对饲养条件的要求和反映不同，公羊生长发育较快，同化作用强，营养需要较多，对丰富饲养具有良好的反映，若营养不良则发育不如母羊。对严格选择的后备公羊更应提高饲养水平，保证其充分生长发育。各类羊日粮参考配方如表3-6所示。

表 3-6 各类羊日粮参考配方（%）

日粮配方 ＼ 羊类型	种公羊		成年母羊			育成母羊	5~6月龄羔羊
	非配种	配种期	空怀期	妊娠期	哺乳期		
玉米	28	35	20	35	40	30	30
豆粕	22	25	18	20	25	15	20
棉粕	6						
苜蓿	10	15	20	20	10	15	15
青贮玉米							10
玉米秸草粉	30	20	40	20	20	35	20
骨粉	4	5	2	5	5	5	5

注：微量元素、多维按说明添加，食盐按饲养标准量加入。

项目四 山羊的饲养与管理

项目简介

根据山羊饲养和管理的基本要求，将本项目分为羔羊及育成羊的饲养管理、山羊的育肥及放牧技术、种山羊的饲养管理3个具体的学习任务。在校内山羊养殖场分组完成单项实训，在校外山羊养殖场进行综合实训，由校外兼职教师进行考核和评价。

任务一 羔羊及育成羊的饲养管理

【任务介绍】

在校内山羊养殖场分组学习和训练羔羊的培育及育成羊的饲养管理，到校外山羊养殖场独立进行综合实训，从而掌握羔羊的培育及育成羊的饲养管理。

【知识目标】

1. 掌握羔羊的培育基本知识。

2. 掌握育成羊的饲养管理基本理论和方法。

【技能目标】

1. 掌握羔羊的培育技术。

2. 掌握育成羊的饲养管理方法。

山羊饲养的技术措施

山羊饲养业是现代化农业的有机组成部分，在山区应大力提高山羊饲养业在农业中的比重。要实行农牧并重，以广大农牧民和专业户饲养为主，国家积极投入的方针。

我国山羊数量较多，但其生产性能低，发展山羊业的任务艰巨，应加强对山羊的选育，提高羊乳、山羊绒、山羊肉和皮张的产品率。

山羊生产是一项传统的养殖业，要使这项产业达到满意的生产经营目标，应有配套技术措施。

（1）充分认识山羊业在国民经济中的地位和作用。山羊是食草动物，发展山羊生产，不仅可以节省粮食，而且可以有效地为人们提供山羊产品。在我国人口众多，耕地面积逐渐减少，粮食不富余的情况下，发展节粮型的山羊业，更有其现实意义。

（2）要继续大力发展山羊生产的个体户和专业户，并建立健全配套服务体系，逐渐形成规模经营。这是广大牧民劳动致富的门路。

（3）大力开展山羊品种改良，提高其生产性能和经济效益。本地饲养的山羊虽然是优良的地方品种，具有适应性强、抗病力强、耐粗饲、肉质美的特点，但生产单一，经济效益低，应开展杂交改良，根据品种改良计划，分别向乳用、肉用或乳肉兼用方向发展，以提高其商品率。

（4）积极开展草山草坡的合理利用，建设围栏草场，发展人工草场，提高载畜量。

（5）实行农牧结合，为山羊提供优质饲草和饲料。充分利用农区秸秆类饲料和其他农副产品，提倡秸秆进行碱化、氨化处理后，先喂山羊，山羊粪还田，再推广尿素喂山羊，以部分地解决日粮中蛋白质不足的问题。

（6）建立山羊生产基地，走优质、高产、高效益的发展道路。实行种养加相结合，牧工商相结合，内外贸相结合，牧科教相结合。

（7）加强科学研究和普及推广工作。广泛举办各种培训班，出版通俗读物，使广大牧民更多地掌握养山羊的科学技术。

 羔羊的培育

羔羊是指初生至断乳时期的小羊。羔羊一般 2~3 月龄断乳。羔羊阶段是羊一生中生长发育最快的时期。此期饲养管理的好坏，对以后的生长发育和一生的生产性能影响极大，所以必须重视羔羊的培育。

1. 羔羊的哺乳

羔羊出生后应尽快吃到初乳。因为初乳中含有丰富的营养物质，同时含有大量免疫球蛋白和镁盐，有抗菌和轻泻作用。多羔羊，应轮流喂母羊的初乳，并且让体质弱小的羔羊多吃母乳。遇到体质虚弱或不会吃乳的羔羊，饲养员应教其吃乳，吃乳前首先应擦洗净母羊的乳房，再挤出几滴初乳，检查是否正常，然后把乳头塞到羔羊嘴内，引诱羔羊吮吸乳汁。无乳吃的羔羊要寄养给"乳娘"，主要是寄养给产单羔的"乳娘"，但开始时往往拒绝吮乳，因此要采取适当的措施，将"乳娘"的乳、尿等物涂在羔羊身上，或者将"乳娘"的胎衣涂在羔羊身上，然后送给"乳娘"。也可以在夜间送到"乳娘"那里吃乳。找不到"乳娘"的羔羊就要进行人工哺乳。

人工哺乳可用羊乳、牛乳及乳粉，也可用小米汤或炒米粉粥。为了保证羔羊旺盛的食欲，减少疾病，力争全活全壮，人工哺乳应做到定羊、定时、定量、定温、定质和保持清洁卫生。哺乳量及日喂次数可根据羔羊的体质和体重区别对待。一般第1周，每天5次，每次150~200mL；第2周，每天4次，每次250~300mL；第3~6周，每天3次，每次400~500mL；第7周至断乳每天3次，哺乳量逐渐减少直到断乳。

羔羊在初生后的半个月内，特别是一周内易引起下痢，要注意观察和查明原因，如果是人工哺乳造成的，就要及时调整乳品的量及温度等，如果是传染病就要及时治疗。

2. 喂料

羔羊要早喂草料，以刺激消化器官的发育。羔羊出生10天可训练吃铡短的优质草及混合精料。枯草季节可适量喂些胡萝卜或大麦芽等。青草季节要防止吃草太多以引起拉稀，特别是防止吃露水草。生后40~90天是由吃乳向吃草过渡的阶段，此阶段要减乳加料，多吃幼嫩青草和优质干草。进入3月龄后，应以吃草为主，适当补充富含蛋白质的混合精料及少量乳汁。精料的喂饲，1月龄以内的每日40~60g，2~3月龄的每日60~150g，每天喂2次。精料的种类最好是豆饼、玉米面、麸皮等。混合精料的补给，可在羔羊出生后20日龄开始，要经常喂食盐。混合精料的配合与喂饲量依饲料品质和羔羊哺乳量不同而有差异。其参考配方如表4-1所示。

表4-1 混合精料配合的参考配方

饲料	玉米	小麦麸	菜籽饼	大豆饼	骨粉	食盐
比例/%	60	17	8	12	2	1

3. 运动

自然哺乳时，羔羊自出生10天后开始随母羊自由运动。人工哺乳者，30日龄后运动。

每天早晨在运动场进行驱赶运动，其余时间自由运动。寒冷季节出生的羔羊，在出生的前几天要放在暖圈内。1周后，在无风时让羔羊在运动场活动，只要羔羊吃饱乳，一般不会冻坏。20日龄以后可在天气暖和时在近处放牧，但要限制运动量。

4. 断乳

断乳是山羊管理的关键环节。放牧饲养的山羊，为了能顺利适应这一改变，断乳应从喂乳后期逐步进行。先将羔羊单独组群在附近草场放牧，将母羊赶至较远的放牧场上，使相互听不见呼叫，在夜间母羊和羔羊合群。到断乳母羊和羔羊分离后，在夜间可在羔羊群中放入少量羯羊，经过1周左右，羔羊即可完全适应离母生活。性成熟早、发育好的羔羊，可以在3月龄时断乳。断乳后的羔羊在1个月内要增加营养。

5. 管理

加强羔羊的管理，适时去角（山羊）、断尾（绵羊）、去势，搞好防疫注射。羔羊出生时要进行称重；7~15天进行编号、去角或断尾；2月龄左右对羔羊进行去势。

 育成羊的饲养管理

育成羊是指断乳后至第一次配种前这一年龄段的幼龄羊。羔羊断乳后的前3~4个月生长发育快，增重强度大，对饲养条件要求较高。通常，公羔羊生长比母羔羊快，因此育成羊应按性别、体重分别组群和饲养。8月龄后羊的生长发育强度逐渐下降，到1.5岁时生长基本结束，因此在生产中一般将羊的育成期分为两个阶段，即育成前期（4~8月龄）和育成后期（8~18月龄）。育成前期，尤其是刚断乳不久的羔羊，生长发育快，瘤胃容积有限且机能不完善，对粗料的利用能力较弱。这一阶段饲养的好坏，是影响羊的体格大小、体型和成年后的生产性能的重要阶段，必须引起高度重视，否则会给整个羊群的品质带来不可弥补的损失。育成前期羊的日粮应以精料为主，结合放牧或补喂优质青干草和青绿多汁饲料，日粮的粗纤维含量以15%~20%为宜。育成后期羊的瘤胃消化机能基本完善，可以采食大量的牧草和农作物秸秆。这一阶段，育成羊可以以放牧为主，结合补饲少量的混合精料或优质青干草。粗劣的秸秆不宜用来喂饲育成羊，即使要用，在日粮中的比例不可超过25%，使用前还应进行合理的加工调制。

任务二 山羊的育肥及放牧技术

【任务介绍】

在校内山羊养殖场分组学习和训练山羊的育肥及放牧技术，到校外山羊养殖场独立进行综合实训，从而掌握山羊的育肥及放牧技术。

【知识目标】

1. 掌握山羊育肥的基本知识。
2. 掌握山羊的放牧与管理。

【技能目标】

1. 掌握山羊育肥的方法。
2. 掌握山羊的放牧技术。

一 现代肉用山羊生产特点

专业化和工厂化肉羊生产是近代养羊科技发展形成的一种集约化肉用绵羊生产，它体现了养羊科技与经营管理的最高水平，在一些国家（如美国、英国、法国、澳大利亚、新西兰及俄罗斯等）被广泛采用。各国根据本国的羊品种特性、饲草资源和生产条件组织肉羊生产，具有很高的经济效益。随着我国养羊业的现代化，这种先进的肉羊生产方式必将逐步推广开来。专业化和工厂化肉羊生产有以下特点。

1. 人工控制环境条件，采用最佳环境参数按市场需要组织生产

一些国家采用现代化手段建筑羊舍，人工控制环境温度、湿度、光照，羊群不受自然气候环境变化的影响。采用高度机械化、自动化生产流程，按工厂化形式组织生产劳动，尽量减少人、羊直接接触。同时，根据羊的营养需要组织饲料生产，按饲养标准进行喂饲；或者建设高产优质人工草场，围栏分区放牧，喂饲和饮水均实现自动化，尽量提高劳动生产率。

2. 采用现代化良种，实行多品种杂交，保持高度杂种优势

各国均选择适合本国条件的优秀品种，研究出最佳杂交组合方案，实行三四个品种的杂交，把高繁殖性能、高泌乳性能和高产肉性能有机地结合起来，保持高度的杂种优势，组织商品肉羊生产。

3. 密集产羔，全年繁殖，批量生产

一些国家利用多胎品种或采用人工控制母羊繁殖周期，缩短产羔间隔，组织母羊全年均衡产羔，密集繁殖，实行 1 年 2 产、2 年 3 产和 3 年 5 产制；或者实行母羊轮流配种繁殖，1 月 1 批，终年产羔。羔羊早期断乳，断乳后母羊立即配种，充分利用母羊最佳繁殖年龄，快速更新，实现商品肉羊批量生产，均衡供应市场。

4. 羔羊早期断乳，快速强度育肥

在美国、俄罗斯等国采取羔羊超早期（1~3 日龄）或早期（30~45 日龄）断乳。超早期断乳羔羊用人工乳或代乳粉进行哺育，同时用特制羔羊配合饲料进行补饲，实行集约化强度育肥或放牧育肥。集约化育肥是以精料、干草、添加剂组成育肥日粮（不喂青饲料）进行舍饲育肥，一般是在专门化育肥工厂进行。按育肥体重或育肥日期，成批育肥，定时出栏，每年育肥 4~6 批，每批育肥 60 天，轮流供应市场。放牧育肥是将断乳羔羊在优质人工草场自由放牧，并补饲一定数量的干草、青贮饲料和精料，达到一定体重时即出栏销售。

 羊的育肥技术

山羊的育肥是在较短的时期内采用不同的育肥方法，使山羊达到体壮膘肥，适于屠宰的程度。根据山羊的年龄，分为羔羊育肥和成年羊育肥。羔羊育肥是指 1 周岁以内的幼龄羊育肥；成年羊育肥是指成年羯羊和淘汰老弱母羊的育肥。

羊的育肥方法有放牧育肥、舍饲育肥和混合育肥 3 种形式。

1. 放牧育肥

放牧育肥是我国常用的最经济的山羊育肥方法。通过放牧让山羊充分采食各种牧草和灌木枝叶，以较少的人力物力获得较高的增重效果。放牧育肥的技术要点如下。

（1）选择适宜的放牧地，分区合理利用。选好放牧地，分区合理利用放牧地，若放牧地较宽，则应按地形划分成若干小区实行分区轮牧，每个小区放牧 2~3 天后再移到另一个小区放牧，使羊群能经常吃到鲜绿的牧草和枝叶，同时也使牧草和灌木有再生的机会，有利于提高产草量和利用率。山羊育肥宜选择灌木丛较多的山地草场，充分利用夏秋季天然草场牧草和灌木枝叶生长茂盛、营养丰富的时期搞好放牧育肥。

（2）加强放牧管理，提高育肥效果。放牧育肥的肉羊要尽量延长每日放牧的时间。夏秋时期气温较高，要做到早出牧晚收牧，每天放牧 12h 以上，甚至可以采用夜间放牧，让肉羊充分采食，加快增重长膘。在放牧过程中要尽量减少驱赶羊群，使羊能安静采食，减少体能消耗。中午阳光强烈、气温过高时，可将羊群驱赶到背阴处休息。

（3）适当补饲，加快育肥。在雨水较多的夏秋季，牧草含水分较多，干物质含量相对较少，单纯依靠放牧的肉羊，有时不能完全满足快速增重的要求。在冬季，牧草枯竭，放牧的肉羊采食草较少，不能满足增重需求。因此，为了提高育肥效果，缩短育肥时期，增加出栏体重，在育肥后期可适当补饲精料，每天每只羊补饲混合精料 0.2～0.4kg，补饲期约 1 个月，育肥效果可以明显提高。

2. 舍饲育肥

舍饲育肥是指以育肥饲料在羊舍喂饲肉羊。其优点是增重快，肉质好，经济效益高。适于缺少放牧草场的地区和工厂化专业肉羊生产采用。舍饲育肥的关键是合理配制与利用育肥饲料。育肥饲料由青粗饲料、精料和各种农副业加工副产品组成，如干草、青草、树叶、农作物秸秆，各种糠、糟、油饼、食品加工糟渣等。育肥时期为 2～3 个月。初期青粗饲料占日粮的 60%～70%，精料占 30%～40%，后期精料可加大到 60%～70%。为了提高饲料的消化率和利用率，秸秆饲料可进行氨化处理，精料要粉碎，有条件的可加工成颗粒饲料。青粗饲料要任羊自由采食，精料在早、晚进行补饲。舍饲育肥期的长短要因羊而异，羔羊断乳后经过 2～3 个月，体重达到 20～30kg 即可出栏屠宰。成年羊经过 1～2 个月短期舍饲育肥出栏。肥育时间过短，增重效果不明显；育肥时间过长，到后期肉羊体内积蓄过多的脂肪，不适合市场要求，饲料报酬也不高。另外，为了补充饲料中的蛋白质，或者弥补蛋白质饲料的缺乏，可以补饲尿素。补饲尿素的数量只能占饲料干物质总量的 2% 左右，不能过多，否则会引起尿素中毒。尿素应加在精料中充分混匀后喂饲，不能单独喂，也不能加在饮水中。一般羔羊断乳后每天可喂 10～15g，成年羊可喂 20g。

3. 混合育肥（半放牧半舍饲饲养）

混合育肥是放牧与补饲相结合的育肥方式，我国农村大多数地区可采用这种方式，既能利用夏秋牧草生长旺季进行放牧育肥，又可利用各种农副产品及少许精料进行后期催肥，提高育肥效果。混合育肥可采用两种方式：一种是前期以放牧为主，舍饲为辅，少量补料；后期以舍饲为主，多补精料，适当就近放牧采食。另一种是前期利用牧草生长旺季全天放牧，使羔羊早期骨骼和肌肉充分发育，后期进入秋末冬初转入舍饲催肥，使肌肉迅速增长，贮积脂肪，大约经过 1 个月催肥，即可出栏上市。一些老残羊和瘦弱的羯羊在秋末集中 1～2 个月舍饲育肥，可利用加工副产品和少许精料补饲催肥。

 ## 山羊的放牧技术

1. 山羊牧地选择

放牧是山羊，特别是肉用山羊、皮用山羊、毛用山羊的主要饲养方式。山羊放牧首先要选好牧地。山羊牧地的正确选择方法，应依据山羊的生物学特性，按照地区的季节和地形特点，才能达到山羊放牧吃饱草、长膘快和保护好草场，提高牧地利用效率的目的。

山羊爱干燥，怕潮湿，适宜在凉爽、干燥的山丘地生活。山羊嘴尖、牙利、口唇薄，喜食比较脆硬的灌木茎叶和幼嫩枝叶，喜欢在灌木与杂草混生地采食。根据这些特性，结合贵州省牧地特点，因此应选地势高、高燥、向阳、灌木丛生、野草混生、水源丰富、水质良好的牧地。山羊放牧在灌木丛生、多种杂草混生的山丘地段，山羊采食稳定，吃得饱，长膘快；若放牧在无灌木、野草单一的地段，山羊容易跑青，吃不饱草，长膘也慢；山羊放牧在低湿地段，更是难放牧，山羊不仅生长发育不良，而且容易生病，特别易被寄生虫侵袭，山羊长期处于体瘦、无神状态，有的甚至死亡。

2. 山羊放牧的方式及注意事项

（1）山羊放牧的方式。山羊放牧的常用方式有固定放牧和分区轮牧两种。

固定放牧就是将山羊固定在一个地方放牧，不用围栏，而是利用天然牧草，让山羊自由采食，这是一种粗放的放牧管理方式。

分区轮牧方式一般与围栏相结合，即用围栏的方法，将一块草场或草山、草坡，分为若干小区，然后分区轮流在不同牧地上放牧。贵州省牧民开创的草地—灌木—草地的放牧方式就属于这一种。

（2）山羊放牧应注意的事项。山羊放牧要着眼于抓膘和保膘。因此要注意以下事项。

①要训练好带头山羊。山羊合群性强，放牧时，群体山羊总是跟随在头羊后面。牧民的经验是："放羊打住头，放得满身油"。要选择全群中最健康、精力充沛的山羊作为头羊，加强训练。训练时要严格，也要有感情，要注意口令严厉、准确。

②要注意数羊。每天出牧前、收牧后都要清点山羊数，以防落队，牧民的经验是："一天数三遍，丢了在眼前；三天数一遍，丢失找不见"。

③要防野兽、毒蛇、毒草危害。防兽害就是防止野兽危害放牧山羊。在山地放牧防兽害的经验是："早防前，晚防后，中午要防洼洼沟"，即早上要防野兽从羊群前出现；晚上要防野兽从羊群后面出现；中午防野兽从低洼沟出现。

防毒蛇危害，牧民的经验是：冬季挖土找群蛇、放火烧死蛇；其他季节是"打草惊蛇"。

防毒草危害，这些毒草多生长在潮湿的阴坡上，幼嫩时毒性大。牧民的经验是："迟牧、饱牧"，即等毒草长大后，让山羊吃饱草后再放牧于这些混生毒草的地方，可以免受其害。

3. 山羊群的调教

调教最简单有效的方法是：给羊以信号（如叫羊号、吹口哨、打响物件等），再向羊群投以食盐（或盐水），这样反复进行，使羊建立起条件反射。需要注意，不能只给羊信号，叫羊来后不给食盐（不能骗它），否则调教无效。用以调教羊的东西除盐以外，红薯切成小方块也可以。另外，调教应注意观察认准各群的头羊，进行重点调教，以期事半功倍。

4. 山羊的放牧饲养

羊是以放牧为主的食草家畜，天然牧草是羊重要的饲料来源。放牧养羊既符合羊的生物学特性，又可节约粮食，降低饲养成本和管理费用，增加养羊生产的经济效益。羊的放牧饲养方式在世界养羊业中仍占主导地位。而我国天然草场的载畜量和生产力很低，草场退化严重，成为制约我国养羊业发展的重要原因，具有极大的开发利用潜力。如何充分、合理、持续、经济地利用这些宝贵资源，提高草地的生产水平，是我国广大养羊工作者所面临的、不可回避的重要课题。

要使羊生长快，不掉膘，放牧技术是关键。羊的放牧，要立足于抓膘和保膘，使羊长年保持良好的体况，充分发挥羊的生产性能。要达到这样的目的，必须了解和掌握科学的放牧方法和技术。同时，要根据不同季节的气候特点，合理地调整放牧的时间和距离，以保证羊能吃饱、吃好。在南方地区，夏季气候炎热，应延长羊的早、晚放牧时间，午间将羊赶回羊舍或其他遮阳处休息。此外，在我国广大的农区和半农半牧区，牧民创造了一些简便、实用的山羊放牧方法。

5. 山羊的四季放牧要点

贵州省四季生态环境有异，因此四季放牧技术要点也不同。

（1）春季。贵州省春季气候特点是：多阴雨，湿度大，野草已返青，草中水分多，干物质少。因此春季放牧应选在避风、多草牧地。应尽量稳住羊群，使羊多吃草，少跑路。在一天之中，应采取"出门慢，上坡紧，中间等，归牧赶"的放牧措施，即出牧时要慢走，到牧地后要稳住羊，中间羊离队后要等羊，收牧时要赶羊。

（2）夏季。贵州省夏季的气候特点是：白天长，气温高，雨水多，蚊虫也多。为了防热，牧民的经验是："早晚晾羊，中午歇羊"；"上午放西坡（背阳的草坡），下午放东坡（背阳的草坡）"；"上午顺风出牧顶风归，下午顶风出牧顺风归"。在山顶上放牧，采用"满天星"的放牧队形（散放）。为了防雨，牧民的经验是："小雨照常放牧，中雨、大雨抓空放牧"，即雨停后立即放牧。在雨季放牧要慢走，放在禾本科野草牧地上。

（3）秋季。贵州省秋季的气候特点是：气候温暖，早晚温差大，少雨、干燥，是山羊放牧抓膘的好季节。牧民的经验是："夏抓肉膘，秋抓油膘。抓好夏膘放肥羊，抓好秋膘奶胖羊"。为此，秋季放牧要延长时间，做到"早出、晚归、中午不休息"。放羊在水草丰盛的牧地，也可在新牧地或秋收后的庄稼地放牧，尽量使羊吃饱草。

（4）冬季。贵州省冬季的气候特点是：比其他季节冷，白天时间短，牧草进入枯草期，草量少。因此冬季应放近牧，在山地牧地应放在向阳的坡地或山麓多草的盆地，要稳住羊。牧民的经验是："放羊没有巧，稳住就是好；羊跑一趟，一天白放"。应在灌木丛生的牧地上放羊。

6. 山羊放牧的方法

（1）领着放。羊群较大时，由放牧员走在羊群前面，带领羊群前进，控制其游走的速度和距离。适用于平原、浅丘地区和牧草茂盛季节，有利于羊对草场的充分利用。

（2）赶着放。即放牧员跟在羊群后面进行放牧，适合于春、秋两季在平原或浅丘地区放牧，放牧时要注意控制羊群游走的方向和速度。

（3）陪着放。在平坦牧地放牧时，放牧员站在羊群一侧；在坡地放牧时，放牧员站在羊群的中间；在田边放牧时，放牧员站在地边。这种方法便于控制羊群，四季均可采用。

（4）等着放。在丘陵山区，当牧地相对固定，且羊群对牧道熟悉时，可采用此法。出牧时，放牧员将羊群赶上牧道后，自己抄近路走到牧地等候羊群。采用这种方法放牧，要求牧道附近无农田、无幼树、无兽害，一般在植被稀疏的低山草场或在枯草期采用。

（5）牵牧。利用工余时间或老、弱人员用绳子牵引羊只，选择牧草生长较好的地块，让羊自由采食，在农区使用较多。

（6）拴牧。即用一条长绳，一端系在羊的颈部，另一端拴在一小木桩上，选择好牧地后将木桩打入地下固定，让羊在绳子长度控制的范围内自由采食。一天中可换几个地方放牧，既能使羊吃饱吃好，又节省人力，多在农区采用。

羊的放牧要因地、因时制宜，采用适当的放牧技术。在春、秋季放牧时，要控制好羊群游走的速度，避免过分消耗体力，引起羊只掉膘。夏季放牧时，羊群可适当松散，午间气温较高时应将羊赶到能遮阳的地方采食或休息；在有条件的地区，可于牧地上搭建临时遮阳棚，作为羊中午休息或补饲、饮水的场所。冬季放牧时，要随时了解天气的变化，晴好天气可放远一些，雪后初晴时就近放牧；大风雪天应将羊群赶回圈舍饲养。

7. 山羊的放牧管理

（1）去角。羔羊去角是奶山羊饲养管理的重要环节。奶山羊有角容易发生创伤，不便于管理，个别性情暴烈的种公羊还会攻击饲养员，造成人身伤害，因此采用人工方法去角十分重要。羔羊一般在生后 7~10 天去角，对羊的损伤小。去角时，先将角蕾部分的毛剪掉。去角的方法主要有以下两种方法。

①化学去角法：用棒状苛性碱在角基部摩擦，破坏其皮肤和角原组织。术前应在角基部周围涂抹一圈医用凡士林，防止碱液损伤其他部分的皮肤。操作时先重后轻，将表皮擦至有血液浸出即可，摩擦面积要稍大于角基部。去角后，可给伤口撒上少量的消炎粉。羔羊在哺乳时应尽量避免羔羊将碱液污染到母羊的乳房上而造成损伤。

②烧烙法：将烙铁于炭火中烧至暗红或用电烙铁，对羔羊的角基部进行烧烙，烧烙的次数可多一些，但每次烧烙的时间不超过 10s，当表层皮肤破坏并伤及角原组织后可结束，

对术部应进行消毒。

（2）去势。凡不宜作为种用的公羔要进行去势，去势时间一般为 1~2 月龄，多在春、秋两季气候凉爽、晴朗的时候进行。幼羊去势手术简单，操作容易，去势后羔羊恢复较快。去势的方法有阉割法和结扎法。

（3）羊的修蹄。修蹄是重要的保健工作内容，对舍饲奶山羊尤为重要。羊蹄过长或变形，会影响羊的行走，甚至发生蹄病，造成羊只残废。奶山羊每 1~2 个月应检查和修蹄一次，其他羊只可每半年修蹄一次。

（4）药浴。药浴是防止疥癣等外寄生虫病的有效方法。定期药浴是羊饲养管理的重要环节。常用的药品有螨净、双甲脒、蝇毒灵等。羊只药浴时，要保证全身各部位均要洗到，药液要浸透被毛，要适当控制羊只通过药浴池的速度。

任务三　种山羊的饲养管理

【任务介绍】

在校内山羊养殖场分组学习和训练种公羊、种母羊的饲养管理，到校外山羊养殖场独立进行综合实训，从而掌握种公羊、种母羊的饲养管理。

【知识目标】

1. 掌握种公羊饲养管理的基本知识。

2. 掌握种母羊饲养管理的基本知识。

【技能目标】

1. 掌握种公羊饲养管理的方法。

2. 掌握种母羊饲养管理的方法。

 一　种公羊的饲养管理

饲养配种用的种公羊，要具有中等或中上水平的体膘，健康，活泼，精力充沛，性欲旺盛，精液品质好。过肥或过瘦的种公羊都不利于配种。

1. 种公羊的饲养

种公羊的饲料可因地制宜，饲料的营养价值要高，容易消化，适口性好，要保证种公羊每日能采食到足量的多种多样的青粗饲料。在配种期间应给以豆饼、花生饼、鸡蛋等富含蛋白质的饲料，还要补给食盐、骨粉等富含矿物质的饲料，以保证营养需要。种公羊应分群放牧，而且要放在草质好的牧地上。在配种期间的种公羊，更要坚持放牧饲养的方式，在放牧采食的基础上，补加富含蛋白质、矿物质的饲料。补喂的方法，牧民的经验是：放牧回来后，在山羊舍内加喂优质青料和混合精料；或者将豆饼等饲料装在袋里，牧民随带，在放牧场上补加。

2. 种公羊的管理

种公羊每天包括放牧在内要有6~7h的运动。运动不足，会使种公羊食欲减退，消化力减弱或发生便秘，影响种公羊的射精量和精子的活力。

种公羊在管理上还要注意掌握配种次数，一般日配种或采精1~2次，个别健康的种公羊日配种或采精3次为宜。

种公羊在舍饲时要公、母分群，单个为栏，在放牧时公、母也要分群放牧，应放在不同牧地上。切忌公、母混群放牧，这样容易发生早配、乱配。天热时要为种山羊创造凉爽的条件，以提高其繁殖力。种公羊每天应刷洗体表，以利清洁和促进血液循环。

 种母羊的饲养管理

种母山羊依其生理阶段，可分为空怀期、怀孕前期、怀孕后期、哺乳期。

1. 空怀期

空怀期的母山羊在于保持一个良好的体况，能正常发情、排卵和受孕，为此多用放牧饲养的方式，只要抓好放牧，无须补料。若体况过瘦时，则采取短期优饲的措施。在管理上也是一般的正常管理。

2. 怀孕前期

怀孕前期胎羔发育比较慢，需要的营养物质并不比空怀期多，一般放牧饲养，只要草场牧草旺盛，每天放牧山羊采食到的牧草营养物质就可满足，但在枯草季节可补加干草，任由怀孕前期的母山羊采食。

3. 怀孕后期

怀孕后期胎羔迅速生长，初生重的80%是在这个时期增加的。若母山羊营养不足，则初生羔羊成活率低，抗病力低，极易引起死亡；若此时营养不平衡，缺乏钙、磷矿物质饲料，则易引起母山羊产后瘫痪。所以在放牧的基础上必须补饲含蛋白质高和矿物质多、维生素丰富的饲料，如优质青料和混合青料（可供参考的配方为：玉米50%，麸皮15%，豆饼20%，大麦15%；另外，每100kg混合料加食盐1kg、骨粉2kg）。怀孕后期的母山羊在雨季不能放牧，要逐渐增加体积小、易消化、营养价值高的饲料。临产前1~3天，最好不喂精料，只喂干草，以防消化不良或发生乳房炎。

怀孕期的母山羊要注意保胎，防止流产，应从羊群中分隔开来，认真照顾，避免放远牧或者在坡地、凹地放牧，防止急走、狂奔、角斗和剧烈活动。严禁打怀孕母山羊。在管理上还应注意保持经常性的清洁、干燥环境条件，做好清洗、消毒工作。

4. 哺乳期

母羊哺乳期，特别是产后20天左右进入泌乳高峰期，对蛋白质、矿物质元素等的需要比怀孕后期还要多。所以要选择较好的放牧地，使它们能吃到丰富的青绿多汁饲料，增加乳汁的分泌，并补喂少量的配合饲料、青干草、块根块茎等。要保持乳房清洁，防止刺伤乳房引发乳房炎。产后被胎衣、羊水污染的场地要进行清理和消毒，可有效控制疾病的传播。

项目五　山羊疾病防治技术

项目简介

按照山羊养殖场羊群疾病的预防和治疗过程，将本项目分为羊场消毒技术、山羊驱虫技术、山羊疾病诊断技术、山羊传染病的检验、山羊疾病用药技术和山羊疾病治疗技术6个具体的学习任务。在校内山羊养殖场分组完成单项实训，在校外山羊养殖场进行综合实训，由校外兼职教师进行考核和评价。

任务一　羊场消毒技术

【任务介绍】

制订山羊养殖场消毒方案，并对校内山羊养殖场进行消毒。

【知识目标】

1. 掌握各类消毒对消毒药物的选择。

2. 掌握山羊养殖场的消毒程序。

【技能目标】

1. 掌握山羊养殖场的消毒程序和方法。

2. 掌握山羊养殖场消毒注意事项。

消毒剂的选择

消毒剂的种类很多，其性质、作用与用途也不尽相同。不同种类的病原微生物，如细菌、细菌芽孢、病毒及真菌等，它们对消毒剂的敏感性有较大的差异。而消毒剂的选择对病原微生物也有选择性，其杀菌、杀病毒的效力也有强有弱。因此，在消毒工作中所使用的消毒药物，应针对消毒环境与消毒对象，并根据药物的性质、作用和防控疫病的需要，有效地加以选择。消毒药物选用一览表如表 5-1 所示。

表 5-1　消毒药物选用一览表

消毒种类	选用药物
圈舍内空气消毒	甲醛、高锰酸钾、过氧乙酸
饮水消毒	百毒杀、过氧乙酸、强力消毒王、超氯、抗毒威、速效碘、漂白粉
羊体消毒	百毒杀、新洁尔灭、过氧乙酸、强力消毒王、超氯、速效碘、菌毒王消毒剂
圈舍消毒	百毒杀、新洁尔灭、过氧乙酸、强力消毒王、菌毒王消毒剂、抗毒威、超氯、速效碘
圈舍地面消毒	过氧乙酸、菌毒王消毒剂、强力消毒王、抗毒威、优氯净、石灰乳、漂白粉、苛性钠
饲养用具消毒	百毒杀、新洁尔灭、过氧乙酸、强力消毒王、抗毒威、优氯净
车辆消毒	百毒杀、强力消毒王、菌毒王消毒剂、农福、过氧乙酸、抗毒威、优氯净、复合酚、苛性钠
道路消毒	苛性钠、农福、复合酚、菌毒王消毒剂、生石灰、漂白粉、来苏儿、石炭酸、臭药水
运动场消毒	漂白粉、石灰乳、农福、抗毒威、菌毒王消毒剂、苛性钠
粪便消毒	漂白粉、生石灰、草木灰、优氯净、复合酚、菌毒王消毒剂

 消毒程序

（1）羊舍的清洁卫生。为了净化周围环境，对羊舍、活动场地及用具等要经常保持清洁干燥，每日应将舍内的粪便、污物及周围环境的垃圾清理干净，并堆积发酵，羊舍的顶棚、四壁的灰尘都要扫净，必要时将羊舍的棚顶、墙壁、地面及设备用高压水冲洗干净；羊舍应勤换垫土或垫料，以防蹄病、寄生虫病或其他疾病发生；防止饲草料发霉变质；夏天要注意消灭蚊蝇，防止鼠害等。

（2）水洗。水洗时，最好用动力喷雾机或高压喷枪冲洗，必要时用长把刷子彻底刷洗。污染严重的圈舍，水洗时应在水中加入消毒剂（如苛性钠）或洗净剂等以提高除菌效果。

（3）羊舍入场消毒。羊场设消毒室，室内外两侧、顶壁设紫外线灯，地面设消毒池，池内放置4%氢氧化钠溶液的麻袋片或草垫。入场人员要换鞋，穿专用工作服，做好登记。

（4）羊舍消毒。消毒程序为：清除粪污→高压水枪冲洗→喷洒消毒剂→干燥后熏蒸消毒或火焰消毒→再次喷洒消毒剂→清水冲洗→晾干后转入羊群。用化学消毒液消毒时，消毒液的用量以羊舍内每平方米面积用1L药液计算。

消毒液包括10%～20%的石灰乳、10%漂白粉溶液、0.5%～1.0%复合酚、0.5%～1.0%二氯异氰尿酸钠、0.5%过氧乙酸等。

羊舍每周消毒1次，每年可进行2次大消毒（春秋各1次）。

在病羊舍和隔离舍的出入口处应放置浸有2%～4%氢氧化钠消毒液（交替用药10%克辽林）的麻袋片或草垫进行消毒处理。

饲槽、水槽、饮水器等用具，必须每天刷洗1次，保持清洁卫生，并每周用新洁尔灭、百毒杀、强力消毒王、过氧乙酸、苛性钠等消毒1～2次。

运动场平时应经常清扫，保持清洁卫生，定期选用适当的消毒药物喷、撒消毒；在羊出栏后进行大消毒。运动场消毒时应选用水彻底冲洗，晾干后再用消毒液喷洒消毒。

 典型消毒程序

1. 地面土壤消毒

（1）土壤表面可用10%漂白粉溶液、4%福尔马林或10%氢氧化钠溶液。

（2）停放过芽孢杆菌所致传染病（如炭疽）病羊尸体的场所，应严格加以消毒，首先用上述漂白粉澄清液喷洒地面，然后将表层土壤掘起30cm，撒上干漂白粉，并与土混合，将此表土妥善运出掩埋。

（3）传染病所污染的地面土壤，可先将地面翻一下，深度约30cm，在翻地的同时撒上干漂白粉（用量为每平方米0.5kg），然后以水湿润，压平。

（4）被传染病病原体污染的放牧地区，针对小面积污染，使用化学消毒药消毒，针对大面积牧区，一般利用自然因素（如阳光）来消毒病原体。

（5）环境道路要经常清扫，保持清洁卫生，定期选用适当的消毒药物喷洒消毒。

（6）羊的粪便消毒主要采用生物热消毒法，即在距羊场100～200m的地方设一堆粪场，将羊粪堆积起来，上面覆盖10cm厚的泥土密封，堆放发酵30天左右，即可用作肥料。对于羊场产生的污水，应设有专门的污水处理池，加入化学消毒药杀灭其中的病原体。消毒药用量视污水量而定，一般1L污水用2～5g漂白粉。

2. 发生传染病圈舍的消毒

（1）发生传染病时，宜选择安全性好、消毒力强的过氧乙酸、强力消毒王、速效碘、季铵盐类等消毒剂每天消毒 1~2 次。按通道、床面、墙壁、顶棚的顺序依次喷洒消毒液，并做好羊体、饲养用具、排泄物及污水等的消毒和无害化处理，彻底阻断传播途径。在圈舍的出入口处设脚踏消毒槽，供饲养人员脚踏消毒。

（2）在病羊解除隔离、痊愈或死亡后，对被污染的圈舍、痊愈羊及其他一切物品，必须进行最终的一次大消毒，以彻底消灭病羊遗留下来的病原微生物，使之达到无害化。最终水毒可根据病原情况，适当选用任何一种有效的消毒药物进行消毒。发生传染病圈舍消毒的具体操作方法，可参照羊舍消毒作业程序的要求进行清扫、水洗和药物消毒。

3. 羊出栏后圈舍的消毒

羊出栏后的空圈舍，不论是否被疫病污染，都要进行水清扫、大消毒，为下一轮的进羊生产创造卫生安全的环境。在除粪、清扫后，水或碱水用动力喷雾机或高压喷枪，将整个圈舍内部彻底冲洗干净，干燥后进行药物消毒。污染严重的应消毒 2 次，在第一次消毒干燥后，再进行第二次消毒。按顶棚、墙壁、隔栏、床面、尿沟、通道的顺序，全面细致地喷洒消毒液，不留空白处。干燥后的清洁圈舍准备进羊，进行新的一轮生产。

4. 产房消毒

（1）在产羔前消毒 1 次，产羔高峰时消毒多次，产羔结束后再消毒 1 次。

（2）产房（分娩羊圈）的清扫、水洗和消毒工作，需在预产期 2 周前进行完毕。选择晴天，先将舍内的陈旧垫料及垃圾等取出，经消毒后废弃。然后将床面彻底水洗干净，干燥后在第二天进行药物消毒。

（3）按顶棚、墙壁、隔栏、床面、尿沟的顺序喷洒消毒液，每平方米喷洒 1.5L。顶棚上的尘埃和蜘蛛巢，是落地菌的附着物，必须全部清除掉。

（4）饲槽及饮水器等，也要很好地进行水洗和消毒。先用水刷洗干净，然后用无毒性、无异味的消毒剂，如新洁尔灭、百毒杀、过氧乙酸等进行消毒。

（5）妊娠羊在进入产房前，要进行羊体卫生消毒，以免污染产房、影响分娩卫生和羔羊健康。首先要驱除疥螨、羊虱等体外寄生虫，驱除的方法是，用 2.5% 双甲脒乳油剂，用水 250~500 倍稀释，喷洒或涂擦。此外，母羊乳头先水洗，擦干后用消毒液擦拭消毒。

（6）从母羊进入产房开始每天要清除粪便 2 次。

（7）用消毒液擦拭羔羊消毒。

四 注意事项

必须在水洗干燥后进行。喷洒消毒液时，要与水洗程序一样，对圈附近的每个角落，都要周到地进行喷洒，不留空白处。喷洒的药液量要充足，地面每平方米喷洒 1.5~2L，达到稍呈流水的程度。消毒时还要注意床面的缝隙，一眼万年处是细菌、病毒和虫卵等潜伏的场所，所以要细致地喷洒消毒液。

任务二 山羊驱虫技术

【任务介绍】

制定山羊养殖场羊的驱虫程序，并对校内山羊养殖场羊群进行驱虫。

【知识目标】

1. 掌握寄生虫感染规律。

2. 掌握抗寄生虫药物的一般作用原理。

3. 掌握驱虫药物的选择。

【技能目标】

1. 掌握制定山羊的驱虫程序。

2. 掌握山羊驱虫的方法。

山羊容易受寄生虫的侵袭，感染寄生虫种类较多，主要有肝片吸虫、双腔吸虫、前后盘吸虫、血吸虫、脑多头蚴、棘球蚴、绦虫、消化道线虫、肺线虫、螨。因此，羊的寄生虫病是养羊生产中极为常见和危害特别严重的疾病之一，在防治过程中，多采取定期预防性驱虫的方式。

一 寄生虫感染规律

消化道线虫每年 4~5 月为感染高峰，随后下降，9~10 月又出现一次感染高峰。当年羊羔 6 月龄开始感染，7~8 月龄出现高峰。绦虫主要感染 5~7 月龄的羊羔，夏天为感染高峰时期。肝片吸虫春、夏两季为感染高峰期。球虫主要感染断奶羊羔。

抗寄生虫药物的一般作用原理

1. 抗叶酸代谢

疟原虫必须通过自身合成叶酸并转变为四氢叶酸后，才能在合成核酸的过程中被利用。乙胺嘧啶能抑制疟原虫的二氢叶酸还原酶的活性，阻断其还原为四氢叶酸，阻碍核酸的合成。磺胺类及砜类与对氨基苯甲酸竞争二氢喋酸合成酶结合部位，后者催化对氨基苯甲酸与磷酸化喋啶的缩合反应以生成二氢喋酸。二氢喋酸再转变成二氢叶酸，后者作为辅助因子参与形成核酸合成所需的嘌呤前体。

2. 影响能量转换

甲硝唑抑制原虫（阿米巴、贾第虫、结肠小袋纤毛虫）的氧化还原反应，使原虫的氮链发生断裂而死亡。吡喹酮对虫体糖代谢有明显的抑制作用，影响虫体摄入葡萄糖，促进糖原分解，使糖原明显减少或消失，从而杀灭虫体。阿苯达唑、甲苯达唑等苯并咪唑类药物抑制线虫对葡萄糖的摄取，减少糖原量，减少 ATP 生成，妨碍虫体生长发育。左旋咪唑能选择性地抑制线虫虫体肌肉内的琥珀酸脱氢酶，影响虫体肌肉的无氧代谢，使虫体麻痹，随肠蠕动而排出。

3. 抑制蛋白质合成

青蒿素及其衍生物能抑制异亮氨酸掺入疟原虫蛋白质，从而抑制疟原虫蛋白质合成。喹啉类药物（氯喹等）通过抑制滋养体分解血红蛋白，使疟原虫不能从分解的血红蛋白中获得足够的氨基酸，进而影响疟原虫蛋白质合成而发挥抗疟效应。

4. 引起膜的改变

氯喹、奎宁、甲氟喹、氨酚喹等与感染红细胞产生的铁卟啉结合形成复合物，蓄积于感染红细胞内，导致疟原虫和感染红细胞膜的损伤。青蒿素类似依赖于其分子中的内过氧桥的存在以损伤原虫膜，并最终形成自噬泡。哌嗪可改变虫体肌细胞膜对离子的通透性，使虫体肌肉超极化，抑制神经-肌肉传递，导致虫体发生弛缓性麻痹而随肠蠕动排出。伊维菌素刺激虫体神经突触释放 γ-氨基丁酸和增加其与突触后膜受体结合，提高细胞膜对氯离子的通透性，造成神经肌肉间的神经传导阻滞，使虫体麻痹死亡。吡喹酮能促进虫体对钙的摄入，使其体内钙的平衡失调，影响肌细胞膜电位变化，使虫体挛缩，并损害虫体表膜，使其易于遭受宿主防卫机制的破坏。

5. 抑制核酸合成

氯喹通过喹啉环与疟原虫 DNA 中的鸟嘌呤、胞嘧啶结合，插入 DNA 双股螺旋结构之间，从而抑制 DNA 的复制。还原的甲硝唑可引起易感细胞 DNA 丧失双螺旋结构，DNA 断裂，丧失其模板功能，阻止转录复制，导致细胞死亡。戊烷脒干扰 RNA 和 DNA 合成，为抗锑性黑热病的治疗药。4－氨基喹啉类能明显抑制核酸前体物掺入到疟原虫的 DNA 和 RNA。

6. 干扰微管的功能

苯并咪唑类药物的作用机制是选择性地使线虫的体被和脑细胞中的微管消失，抑制虫体对葡萄糖的摄取；减少糖原量，减少 ATP 生成，妨碍虫体生长发育。

7. 干扰虫体内离子的平衡或转运

聚醚类抗球虫药与钠、钾、钙等金属阳离子形成亲脂化合物后，能自由穿过细胞膜，使子孢子和裂殖子中的阳离子大量蓄积，导致水分过多地进入细胞，使细胞膨胀变形，细胞膜破裂，引起虫体死亡。

 驱虫药物的选择

（一）抗寄生虫药的概念及分类

抗寄生虫药是指能杀灭或驱除体内外寄生虫的药物，是用来预防和治疗寄生虫病的化学物质。

根据药物抗虫作用和寄生虫分类，可将寄生虫药分为抗原虫药、抗蠕虫药、杀虫药三大类。

1. 抗原虫药

（1）抗球虫药：马杜霉素、氨丙啉、尼卡巴嗪、地克珠利、乙氧酰胺苯甲酯。

（2）抗锥虫药：苏拉明、喹嘧啶、锥灭定。

（3）抗梨形虫药：贝尼尔、硫酸喹啉脲、双脒苯脲、间脒苯脲。

2. 抗蠕虫药

（1）驱线虫药：噻苯唑、噻嘧啶、伊维菌素、左旋咪唑、哌嗪、甲苯咪唑、丙硫咪唑（阿苯达唑、肠虫清）、乙胺嗪（海群生）。

（2）驱绦虫药：吡喹酮、氯硝柳胺（灭绦灵）。

（3）驱吸虫药：硝氯酚（别丁）。

（4）抗血吸虫药：呋喃丙胺、对氯二甲苯。

3. 杀虫药

（1）有机磷类杀虫药：敌百虫、敌敌畏、皮蝇磷、倍硫磷。

（2）拟菊酯类杀虫药：溴氰菊酯、氯氰菊酯。

（3）大环内酯类杀虫药：伊维菌素、多拉菌素。

（二）抗寄生虫药物简要介绍

1. 抗原虫药

（1）抗球虫药：分为以马杜霉素为代表的聚醚离子载体抗生素和以地克珠利为代表的化学合成抗球虫药两类。

马杜霉素广泛用于预防鸡的球虫病，对柔嫩艾美耳球虫、毒害艾美耳球虫、堆型艾美耳球虫、巨型艾美耳球虫、布氏艾美耳球虫、变位艾美耳球虫等6种鸡艾美耳球虫具有灭杀作用。还能有效控制对一些聚醚类离子载体抗生素具有耐药性的虫株。

地克珠利作用于球虫生活使所有细胞内发育阶段的虫体，对家禽和哺乳动物的所有艾美耳球虫有效，并具有明显的杀死球虫作用。

（2）抗锥虫药：苏拉明，为治疗和预防各种家畜伊氏锥虫病的有效药物，对马媾疫的效果较差，主要用于防治马、牛、骆驼伊氏锥虫病及牛泰勒虫病。

（3）抗梨形虫药：贝尼儿，对锥虫、血孢子虫和边虫均有作用，对马巴贝斯虫、驽巴贝斯虫、牛双芽巴贝斯虫和牛瑟氏泰勒虫效果显著。

2. 抗蠕虫药

（1）根据化学结构可分为抗生素类、苯并咪唑类、咪唑并噻唑类、四氢嘧啶类、有机磷化合物等。

抗生素类：阿维菌素，临床上主要用于防治家禽线虫感染和体外寄生虫及传播疾病的节肢动物，按每千克体重皮下注射或内服给药0.2~0.3mg。但对吸虫和绦虫无效。

苯并咪唑类：噻苯咪唑，是一种广谱、高效、低毒的驱线虫药。它是苯并咪唑类中抗虫谱最广的，不仅对消化道线虫有效，对吸虫、绦虫也有效，甚至对绦虫的各种幼虫、囊虫也有效，是目前治疗旋毛虫唯一有效的药物。

咪唑并噻唑类：左咪唑，是一种广谱、高效、低毒、使用方便的驱线虫药。此外，能增加淋巴细胞数量，恢复和加强巨噬细胞、T细胞的吞噬能力，并调节抗体的产生。马对本品较敏感，应慎用；骆驼、泌乳期家畜、肝功能不全的畜禽禁用。

（2）驱绦虫药：吡喹酮，是目前广泛治疗绦虫感染的药物，对马、牛、羊、猪的日本分体吸虫、东毕吸虫、曼氏血吸虫、埃及血吸虫和卫氏并殖吸虫均有效。而且对幼虫也有很强的杀灭作用。

（3）驱吸虫药：硝氯酚，是理想的驱肝片吸虫药，具有疗效高、毒性低、用量少等优点，对牛、羊、猪肝片吸虫成虫及其未成熟虫体均有较强的作用。驱除童虫时，随其剂量增加，驱虫效果增强，但安全指数下降。它对各种前后盘吸虫移行期幼虫也有较好的效果。

（4）抗血吸虫药：呋喃丙胺，对日本血吸虫的成虫和童虫都有效果，但对童虫的作用优于成虫。

3. 杀虫药

（1）有机磷类杀虫药：倍硫磷，为速效、高效、低毒、广谱、性质稳定的有机磷杀虫剂，主要用于杀灭牛皮蝇的第一期幼虫和第二期幼虫，同时也用于杀灭家禽其他体外寄生虫。

（2）拟菊酯类杀虫药：氯氰菊酯，本品为广谱杀虫药，具有触杀和胃毒作用。主要用于驱杀各种体外寄生虫，尤其对有机磷杀虫药产生抗药性的虫体效果更好。

（3）大环内酯类杀虫药：伊维菌素，主要用于杀灭体外寄生虫，对马胃蝇、牛皮蝇及羊鼻蝇的各期幼虫及牛、羊的疥螨、血虱，以及动物体表寄生的蜱类等体外寄生虫有较好的杀灭作用；对兔疥螨、羊疥螨有高效杀灭作用。

四 常用寄生虫药物举例

（1）左旋咪唑：为白色结晶粉末（片剂），易溶于水，用量小，安全可靠，对胃肠线虫及其幼虫有良好的驱虫效果，对肺线虫有特效，口服剂量为 8mg/kg 体重。

（2）丙硫苯咪唑：是一种无臭无味白色粉末（片剂），不溶于水，是目前最好的高效、广谱、低毒、低残留驱虫药，最适合线虫、绦虫、吸虫混合感染地区，其使用剂量为：线虫，5mg/kg 体重；绦虫，5～10mg/kg 体重；吸虫，15～20mg/kg 体重。

（3）伊维菌素：按羊只体重每 5kg 皮下注射 0.1mL，常用商品名为伊力佳、复方伊维菌素混悬液（双威）等。

（4）吡喹酮：本品对血吸虫、绦虫、囊虫、华支睾吸虫、肺吸虫、姜片虫均有效。

（5）二乙碳酰氨嗪：其商品为海群生。本品对各种微丝蚴及成虫均有杀灭作用。在体内的杀虫作用比在体外强，可能海群生有宿主免疫机制参与之故，能使血中微丝蚴迅速"肝移"，并破坏虫体表膜，使其在肝内被吞噬细胞杀灭。

（6）长效土霉素：常用其盐酸盐，为淡黄色或黄色结晶性粉末；臭，味苦。在水中或甲醇中易溶，在乙醇或丙酮中微溶，在氯仿中不溶。

（7）三氯苯唑：本品为新型咪唑类驱虫药。对各种日龄的肝片吸虫均有明显驱杀效果。本品毒性较小，与左咪唑、甲噻嘧啶联合应用时也安全有效，其商品名为肝蛭净。内服，一次量为 10mg/kg 体重。

（8）三氮脒：用于由锥虫引起的伊氏锥虫病和马媾疫。本品选择性阻断锥虫动基体的DNA 合成和复制，并与核产生不可逆性结合，从而使锥虫的动基体消失，并不能分裂繁殖。本品毒性大、安全范围较小，应用治疗量也会出现起卧不安、频频排尿、肌肉震颤等不良反应，连续应用时应谨慎。肌内注射，一次量为 3～5mg/kg 体重。其商品名为贝尼尔、血虫净。

五 驱虫方法选择

1. 药浴

一般情况下剪过毛的羊都应药浴，以防疥癣病的发生。药浴使用的药剂有 0.05% 的辛硫磷水溶液、石硫合剂。在药浴前 8h 停止喂料，在入浴前 2～3h 给羊饮足水，以防止羊喝药液。先浴健康羊，有疥癣的羊最后浴。药液的深度以没及羊体为原则，羊出浴后应在滴流台上停 10～20min。药浴时间在剪毛后 6～8 天为好，第一次药浴后 8～10 天再重复药浴 1次。妊娠羊暂不药浴。

2. 驱虫

定期驱虫，每年根据当地寄生虫的流行情况，一般在春秋选用广谱驱虫药驱虫 1 次，根据实际情况可以增加驱虫次数，驱虫后 10 天的粪便应马上收集进行发酵处理，杀死虫卵和幼虫。因为羊只在冬季即将进入草料供给质量降低、气候条件寒冷、体况较弱的阶段，所以秋季驱虫有利于保护羊只的健康，更应该严格细致地计划和执行。

六 山羊驱虫程序制定参考

3 月用吡喹酮（60～80mg/kg 体重）与伊力佳或双威配合驱除和预防脑包虫、肺丝虫、消化道线虫、吸虫和绦虫及体外寄生虫。

6 月用丙硫苯咪唑（10～15mg/kg 体重）与海群生配合，既可防治消化道寄生虫，又对脑脊髓丝虫病有防治作用。对疑似有脑脊髓丝虫病的羊场，在 15 天内连用 3 次。

7 月使用附红灵及和长效土霉素预防附红体流行。

8 月丙硫苯咪唑与贝尼尔配合应用，防治消化道寄生虫和羊焦虫病。

11 月丙硫苯咪唑（10～15mg/kg 体重）与肝蛭净（10mg/kg 体重）配合使用，增补伊力佳或双威防治疥螨，20 天后重复 1 次。

同时，对场内饲养的狗、猫以丙硫苯咪唑进行定期预防性驱虫，按 10～20mg/kg 体重，一年 4 次，每次连续使用 3 天。排出的粪便应深埋或利用堆积发酵等方法杀死虫卵，避免虫卵污染环境。

任务三 山羊疾病诊断技术

【任务介绍】

对校内山羊养殖场羊群疾病分别采用望诊、闻诊、听诊、切诊进行诊断，并写出诊断报告。

【知识目标】

1. 掌握望诊、闻诊、听诊、切诊的基本程序。

2. 掌握望诊、闻诊、听诊、切诊的基本内容。

【技能目标】

掌握山羊疾病的临床诊疗方法。

 望诊技巧

望诊是用眼睛观察羊的外表、呼吸、行走及粪尿情况。羊属于放牧性家畜，对疾病耐受力较强，在患病初期症状往往表现不明显，如果不细心观察，很难发现症状。饲养人员在日常饲养管理过程中或兽医人员在疾病诊断过程中要经心观察羊群的体征和行为变化，以便及早发现疾病，及早治疗。羊病望诊的内容很多，大体可分为望全身、望局部和察口色 3 个方面，羊病望诊的具体内容和步骤如下。

1. 望全身

（1）精神。精神的好坏在全身很多方面均有所表现。其中，突出地反映在眼睛、耳朵、面部表情和对外界事物的反应能力上。

（2）形体。外形、体质的肥瘦强弱，其与五脏相应，一般说来，五脏强壮的，形体也强健；五脏虚弱的，外形也衰弱。其中，形体变化与脾胃功能更为密切。

（3）被毛。被毛的变化可反映机体抗御外邪的能力及其气血的盛衰和营养状况，同时也体现着肺气的强弱和有无机械性损伤。

（4）行态。健康者常卧多立少，站立时常低头，休息时常半侧卧，两耳前后扇动或用舌舔鼻或被毛，人一接近即行起立。起立时前肢跪地，后肢先起，前肢再起，动作缓慢，卧地或站立时，常间歇性反刍。

2. 望局部

（1）眼。眼为肝之外窍，但五脏六腑之精气皆上注于目，这说明望眼除了在望神中有重要意义，还可测知五脏的变化。具体内容有望眼神、望目形、察眼色等，察眼色时只要两手握住其角，将头扭向一侧，巩膜、瞬膜即可外露，欲检查结膜时，可用两手大拇指将上下眼睑拨开观察。

（2）耳。耳的行态与精神好坏、肾及其他脏腑的某些病症有关。健康者两耳灵活，听觉正常。两耳下垂、歪斜、竖立、唤之无反应均预示相应疾病的发生。

（3）口唇。唇内应于脾，脾与胃相表里，故唇的变化对辨别脾、胃的疾病有很大的帮助。望口唇，不仅要从外部观察口唇的形态及运动，还要打开口腔观察内部的情况和变化，口唇变化不仅反映脾气的盛衰，而且可以反映出全身功能状态。观察时注意口唇有无歪斜，牙关是否紧闭，唇、舌、齿龈、颊部等处有无疮肿、水泡、溃烂、破伤等，以及口津多少，流涎程度及性质等。若唇为黄色，则脾经多寒湿；唇为深红色，多为脾经有热；若唇为白色，多为脾胃有寒或贫血；若唇为青色，为木克土之色，预后不良；若唇燥干裂，多为热邪伤津；若唇液清利，多为寒证；若唇热而口液黏腻，多属热证；蹇唇似笑，多为脾胃病；若唇微黄，多为脾气不醒。

（4）呼吸。呼吸异常往往与肺有关，其他脏腑功能失调也可影响气机，而造成呼吸功能的变化。在疾病过程中，呼吸的次数及状态常发生变化，主要有快、慢、盛、微、紧缓不齐、姿势异常等。

（5）饮食。望饮食包括观察饮食欲、饮食量、采食动作和咀嚼吞咽情况等，特别是反刍情况更应注意。正常情况下，反刍的次数、时间均有一定的规律，多为食后 30~60min 即开始反刍，每次反刍持续时间为 20min~1h，每昼夜反刍 4~8 次，每次返回口腔的食团再咀嚼 40~60 次。在多种疾病过程中均可出现反刍障碍，表现为反刍开始出现的时间晚，每次反刍的持续时间短，昼夜间反刍的次数少及每个食团的再咀嚼次数减少；严重时甚至反刍完全停止。

（6）躯干。观察胸背、腰、肚肷等部位的变化，注意被毛及上述部位有无胀、缩、拱、陷等外形异常。

（7）四肢。观察四肢站立和走动时的姿势和步态，以及四肢各部分的形状变化。

（8）二阴及乳房。二阴指前阴和后阴。前阴是指外生殖器，注意观察阴茎的功能、形态，阴门的形态、色泽及分泌物的情况。后阴是指肛门，观察时注意其松紧、伸缩及周围的情况等。在奶山羊检查时尤其要注意乳房的观察，注意其对称情况、大小、形状、外伤、皮肤颜色、疹疮及挤乳时患畜的表现，乳汁的颜色、黏稠度、是否有絮状物及混杂物。此时最好结合触诊（温度、质地、结节）进行。

（9）粪尿。注意观察粪尿的数量、颜色、气味、形态等。

3. 察口色

（1）方法。检查者站于患畜头部的左侧方，从口角伸入口腔，拨开嘴唇、推动舌体，此时即可进行观察。

（2）部位。口色由于受色素沉着的影响，因此观察部位以颊部、舌底及卧蚕和仰池为主。

（3）表现。正常口色呈淡红色，病理口色有白、赤、青、黄、黑五色的变化。正常舌苔薄白，病理舌苔为白、黄、灰黑3种表现。

正常舌筋（舌下静脉）不粗不细不分支，形如棉线。病理舌筋有的粗大，分支明显，呈乌红色，形如麻线；有的细小，不明显，不分支，呈苍白色，形如细丝线。将舌体等分三段，舌尖舌筋变化与上焦病症有关，舌中部舌筋变化与中焦病症有关，舌根舌筋变化与下焦病症有关。

看口津，主要是分辨口津的多少和性质，是量少而黏稠，还是量多而清稀。

看舌形，主要是看舌体形状大小及手感有力无力，如舌体是肥瘦适中，还是舌肿满口、板硬不灵，或者是舌软如绵、伸缩无力。

4. 羊病望诊辨病

羊病望诊辨病参考要点如表5-2所示。

表5-2 羊病望诊辨病参考要点

项目	健康	疑似病症
放牧情况	争相采食，奔走的速度相等，反应敏捷	落群、停食、呆立或卧地不起等现象
姿势与步态	两眼有神，神态安详，行动活泼、平稳	呈现特殊姿势，如破伤风，表现为四肢僵直；患有脑包虫或羊鼻蝇蛆病，羊常做转圈运动；当羊的四肢肌肉、关节或蹄部发生病变时，表现为跛行
膘情	膘情良好	一般患有急性病，如急性炭疽、羊快疫、羊黑疫、羊猝疽、羊肠毒血症等的病羊，身体仍可表现肥壮；相反，一般患有慢性传染病和寄生虫病时，病羊多为瘦弱。
被毛和皮肤	被毛平整，不易脱落，富有光泽	被毛常粗乱，无汗，质脆，易脱落。如果羊患螨病时，常表现为被毛脱落、结痂、皮肤增厚和蹭痒擦伤等现象；如果重症寄生虫，常在颌下、胸前、腹下等部位出现水肿

项目	健康	疑似病症
可视黏膜	可视黏膜（眼结膜、鼻腔、口腔、阴道、肛门等黏膜）呈粉红色，且湿润光滑	黏膜苍白，贫血征兆；黏膜潮红，多为能引起体温升高的热性病所致；黏膜发黄，说明血液内的胆红素增加，见于多种原因造成的肝实质病变、胆管阻塞和溶血性贫血等病，如患梨形虫病、肝片吸虫病、双腔吸虫病，可视黏膜呈现不同程度的黄染现象，发生黄疸；当黏膜的颜色变为紫红色（又称为"发绀"），说明血液中的还原血红蛋白或变性血红蛋白增加，是严重缺氧的征兆，常见于呼吸困难性疾病、中毒性疾病和某些疾病的垂危期
鼻镜	湿润	干燥，反刍减少或停止，多见于高热、严重的前胃及真胃疾病或肠道炎症
粪便	呈小球形灰黑色，软硬适中	过于干小、色黑，为缺水和胃肠道弛缓；粪便出现特殊臭味或过于稀薄，多为各类型的急慢性肠炎所致；前部消化道出血时，粪便呈现黑褐色，后段肠道出血，粪便为暗红色；当粪便内混有大量黏液时，表示肠黏膜有卡他性炎症；粪内混有完整谷粒或粗大的纤维时，表示消化不良；混有纤维素膜时，为患有纤维素性肠炎的表现；当混有寄生虫及其节片时，表示体内有寄生虫
尿液	尿液清亮、无色和稍黄	排尿的次数过多或过少和尿量过多或过少，尿液的颜色发生变化，以及排尿痛苦、失禁或尿闭等，都是有病的症候
呼吸	呼吸 10~20 次	呼吸次数增多或减少

 闻诊技巧

诊断羊病时，闻分泌物、排泄物、呼出气体及口腔气味。若肺坏疽时，鼻液带有腐败性恶臭；若胃肠炎时，粪便腥臭或恶臭；若消化不良时，可从呼气中闻到酸臭味。

因羊为反刍动物，其生理构造与猪有异，故发病之后，表现症状与猪也不相同。若羊表现膁窝臌胀突出，四肢张开站立，多为瘤胃臌气。若左膁稍臌，肚腹胀满，反刍减弱或停止，排少量稀软且带未消化好的草料粪便（结合触诊，瘤胃坚硬），大概是瘤胃积食。若羊吃草少，反刍少，大便干稀不定，多为前胃弛缓。若羊表现不排粪，腹疼，有时做拉弓状，即前肢向前，后肢向后，腰向下弯，肚腹不胀，并有蹇唇似笑（得举上唇）的症状，大概是肠套叠之证。若羊表现步态不稳，跳跃奔跑，撞墙等，多为脑黄。若羊表现低头，多向一侧转圈，久久不停，眼视力障碍，表现迟钝，常将前额抵着某些物体不动，大概是脑包虫。若鼻流脓涕，呼吸有声，鼻塞，有时由鼻内喷出蛆虫者，则为鼻内有虫。若鼻孔开张，喘咳频作，多为肺黄。若嘴部上下、眼皮两侧以及四肢内部起有豆大疙瘩，起先成疱，之后化脓，多为羊痘。若突然口吐白沫不能咽物，多为肠道阻塞。若呼吸顿喘，膁部频跳，多为跳膁（横膈膜痉挛）之证。若孕羊产期，阴门流血水，频频努责，久而不下，多为难产。

听诊技巧

听诊是利用听觉来判断羊体内正常的和有病的声音。最常用的听诊部位为胸部（心、肺）和腹部（胃、肠）。听诊的方法有两种：一种是直接听诊，即将一块布铺在被检查的部位，然后把耳朵紧贴其上，直接听羊体内的声音；另一种是间接听诊，即用听诊器听诊。不论用哪种方法听诊，都应当把病羊牵到清静的地方，以免受外界杂音的干扰。

1. 心脏听诊

心脏跳动的声音，正常时可听到"嘣——咚"两个交替发出的声音。"嘣"音；为心脏收缩时所产生的声音，其特点是低、钝、长、间隔时间短，称为第一心音。"咚"音，为心脏舒张时所产生的声音，其特点是高、锐、间隔时间长，称为第二心音。第一、第二心音均增强，见于热性病的初期，第一、第二心音均减弱，见于心脏机能障碍的后期或患有渗出性胸膜炎、心包炎；第一心音增强时，常伴有明显的心搏动增强和第二心音微弱，主要见于心脏衰弱的后期，排血量减少，动脉压下降时；第二心音增强时，见于肺气肿、肺水肿、肾炎等病理过程中。如果在正常心音以外听到其他杂音，多为瓣膜疾病、创伤性心包炎、胸膜炎等。

2. 肺听诊

肺听诊是听取肺在吸入和呼出空气时，由于肺振动而产生的声音。一般有下列 5 种。

（1）肺泡呼吸音。健康羊吸气时，从肺部可听到"夫"的声音，呼气时，可以听到"呼"的声音，这称为肺泡呼吸音；肺泡呼吸音过强，多为支气管炎、黏膜肿胀等；肺泡呼吸音过弱时，多为肺泡肿胀、肺泡气肿、渗出性胸膜炎等。

（2）支气管呼吸音。支气管呼吸音是空气通过喉头狭窄部所发出的声音，类似"赫"的声音；如果在肺部听到这种声音，多为肺炎的肝变期，见于羊的传染性胸膜肺炎等病。

（3）啰音。啰音是支气管发炎时，管内积有分泌物，被呼吸的气流冲动而发出的声音。啰音可分为干啰音和湿啰音两种。干啰音甚为复杂，有"咝咝"声、笛声、口哨声及猫鸣声等，多见于慢性支气管炎、慢性肺气肿、肺结核等。湿啰音类似含漱音，沸腾音或水泡破裂音，多发生于肺水肿、肺充血、肺出血、慢性肺炎等。

（4）捻发音。这种声音像用手指捻毛发时所发出的声音，多发生于慢性肺炎、肺水肿等。

（5）弱摩擦音。一般有两种，一种为胸膜摩擦音，多发生在肺与胸膜之间，多见于纤维素性腹膜炎、胸膜结核等。因为胸膜发炎，纤维素沉积，使胸膜变得粗糙，当呼吸时互相摩擦而发出声音，这种声音像一手贴在耳上，用另一手的手指轻轻摩擦贴耳的手背所发出的声音；另一种为心包摩擦音，当发生纤维素性心包炎时，心包的两叶失去润滑性，因而伴随心脏的跳动两叶互相摩擦而发生杂音。

3. 腹部听诊

主要是听取腹部胃肠运动的声音。羊健康的时候，于左肷窝可听到瘤胃蠕动音，呈逐渐增强又逐渐减弱的"沙沙"音，每 2min 可听到 3~6 次。羊患前胃弛缓或发热性疾病时，瘤胃蠕动音减弱或消失。羊的肠音类似于流水声或漱口声，正常时较弱。在羊患肠炎初期，肠音亢进，便秘时，肠音消失。

四 切诊技巧

切诊是指医者用手对羊有关部位触按而获得病症有关情况的一种诊察方法，包括切脉和触诊。牛脉诊的部位在颌外动脉或尾动脉，羊脉诊部位在股动脉。

检查脉搏通常用食指、中指及无名指的尖端，轻压于动脉上，拇指则压于对侧。检查时应注意脉搏的速率、节律、紧度、脉波的大小及强弱等，并记录 1min 的脉搏次数。

切诊就是依靠手指的感觉，进行切、按、触、叩，从而获得辨证资料的一种诊察方法，包括切脉和触诊两部分。

1. 切脉

（1）方法及部位：诊者应蹲于病畜侧面，手指沿腹壁由前到后慢慢伸入股内，摸到动脉即行诊察，体会脉搏的性状。手的食指、中指、无名指布按于尾根腹面，用不同的指力推压和寻找即得。

（2）表现：正常脉象是不浮不沉，不快不慢，至数一定，节律均匀，中和有力，连绵不断，一息四至。正常脉象随机体内外因素的变化而有相应的生理性变化，如季节、性别、年龄、体格等。

病理脉象：由于病症多样，因此脉象的变化也就相应复杂，重点掌握八大脉象，即浮、沉、迟、数、虚、实、滑、涩。

（3）注意事项：切脉成败的关键在于保持病畜及周围环境的安静，病羊如果刚刚经过较剧烈的运动，就先使其休息片刻，待停立安静，呼吸平稳，气血调匀后再行切脉。医者也应使自己的呼吸保持稳定，全神贯注，仔细体会。

2. 触诊

（1）凉热：用手触摸患羊有关部位温度的高低，以判断寒热虚实，现多结合体温计测定直肠温度。具体内容包括口温、鼻温、耳温、角温、体表、四肢等部位。

触摸角温时，四指并拢，虎口向角尖，小指触角基部有毛与无毛交界处，握住其角，若小指与无名指感热，体温一般正常；若中指也感热，则体温偏高；若食指也感热，则属发热无疑。若全身热盛而角温冷者，多属危症。

（2）肿胀：触摸时要查明其性质、形状、大小及敏感度等方面的情况。

（3）咽喉及槽口：主要应注意有无温热、疼痛及肿胀等异常变化，如放线菌病就有该处变化。

（4）胸腹：用手按压或叩打两侧胸壁时，观察其躲闪反应。顶压剑状软骨突起部看其疼痛反应。触诊瘤胃是腹部重要的检查内容，检查者位于左腹侧，左手放于中背部，右手可握拳、屈曲手指或以手掌放于肷部，先用力反复触压瘤胃，以感知内容物性状，正常时，似面团样硬度，轻压后可留压痕，随胃壁缩动可将检手抬起，以感知其蠕动力量，并可计算次数。

任务四　山羊传染病的检验

【任务介绍】

　　对山羊养殖场羊群的传染病采用细菌学、病毒学、免疫学方法进行检测检验，确定其传染病种类和类型；同时对羊群的寄生虫病进行检验，确定寄生虫种类。

【知识目标】

　　1. 掌握山羊传染病的细菌学、病毒学、免疫学检验原理。

　　2. 掌握羊群寄生虫病检验理论。

【技能目标】

　　1. 掌握山羊传染病的细菌学、病毒学、免疫学检测检验方法。

　　2. 掌握羊群寄生虫病检验方法。

 细菌学检验

1. 涂片镜检

将病料涂于清洁无油污的载玻片上，干燥后在酒精灯火焰上固定，选用单染色法（如美蓝染色法)、革兰氏染色法、抗酸染色法或其他特殊染色法染色镜检，根据所观察到的细菌形态特征，做出初步诊断或确定进一步检验的步骤。

2. 分离培养

根据所怀疑传染病病原菌的特点，将病料接种于适宜的细菌培养基上，在一定温度（常为37℃）下进行培养，获得纯培养菌后，再用特殊的培养基培养，进行细菌的形态学、培养特征、生化特性、致病力和抗原特性鉴定。

3. 动物实验

用灭菌生理盐水将病料做成1∶10悬液，然后利用分离培养获得的细菌液灌感染实验动物，如小鼠、大鼠、豚鼠、家兔等。感染方法可用皮下、肌内、腹腔、静脉或脑内注射。感染后按常规隔离饲养管理，注意观察，有时还需对某种实验动物测量体温；若有死亡，应立即进行剖检及细菌学检查。

 病毒学检验

1. 样品处理

检验病毒的样品，要先除去其中的组织和可能污染的杂菌。其方法是以无菌手段取出病料组织，用磷酸缓冲液洗涤3次，然后将组织剪碎、研细，加磷酸缓冲液制成1∶10悬液（血液或渗出液可直接制成1∶10悬液）以2000~3000r/min的速度离心沉淀15min，取出上清液，每毫升加入青霉素和链霉素各1000U，置冰箱中备用。

2. 分离培养

病毒不能在无生命的细菌培养基上生长，因此，要把样品接种到鸡胚或细胞培养物上进行培养。对分离到的病毒液，用电子显微镜检查、血清学实验及动物实验等方法进行理化学和生物学特性的鉴定。

3. 动物实验

将上述方法处理过的待检样品或经分离培养得到的病毒液，接种易感动物，其方法与"细菌学检验"中的"动物实验"相同。

 免疫学检验

在羊传染病检验中，经常使用免疫学检验法。常用的方法有凝集反应、沉淀反应、补体结合反应、中和实验等血清学检验方法，以及用于某些传染病生前诊断的变态反应方法等。近年又研究出许多新的方法，如免疫扩散、荧光抗体技术、酶标记技术、单克隆抗体技术等。

四 寄生虫病检验

羊寄生虫病的种类很多，但其临床症状除少数外都不够明显。因此，羊寄生虫病的生前诊断往往需要进行实验室检验。常用的方法有以下几种。

1. 粪便检查

羊患蠕虫病以后，其粪便中可取出蠕虫的卵、幼虫、虫体及其片断，某些原虫的卵囊、包囊也通过粪便排出，因此，粪便检查是寄生虫病生前诊断的一个重要手段。检查时，粪便应从羊的直肠挖取，或者用刚刚排出的粪便。检查粪便中虫卵常用的方法如下。

（1）直接涂片法。在洁净无油污的载玻片上滴 1~2 滴清水，用火柴棒蘸取少量粪便放入其中，涂匀，剔去粗渣，盖上盖玻片，置于显微镜下检查。此法快速简便，但检出率很低，最好多检查几个标本。

（2）漂浮法。取羊粪 10g，加少量饱和盐水，用小棒将粪球捣碎，再加 10 倍量的饱和盐水搅匀，以 60 目网筛过滤，静置 30min，用直径 5~10mm 的铁丝圈，与液面平行接触，蘸取表面液膜，抖落于载玻片上并覆盖盖玻片，置于显微镜下检查。此法能查出多数种类的线虫卵和一些绦虫卵，但对相对密度大于饱和盐水的吸虫卵和棘头虫卵效果不大。

（3）沉淀法。取羊粪 5~10g，放在 200mL 容量的烧杯内，加入少量清水，用小棒将粪球捣碎，再加 5 倍量的清水调制成糟状，用 60 目网筛过滤，静置 45min，弃去上清液，保留沉渣。再加满清水，静置 15min，弃去上清液，保留沉渣。如此反复 3~4 次，最后将沉渣涂于载玻片上，置显微镜下检查。此法主要用于诊断虫卵相对密度大的羊吸虫病。

2. 虫体检查

（1）蠕虫虫体检查法。将羊粪数克盛于盆内，加 10 倍量生理盐水，搅拌均匀，静置沉淀 20min，弃去上清液。再于沉淀物中重新加入生理盐水，搅匀，静置后弃去上清液；如此反复 2~3 次，最后取少量沉淀物置于黑色背景上，用放大镜寻找虫体。

（2）蠕虫幼虫检查法。取羊粪球 3~10 个，放在平皿内，加入适量 40℃ 的温水，10~15min 后取出粪球，将留下的液体放在低倍显微镜下检查。由于蠕虫幼虫常集中于羊粪球表面，因此易于从粪球表面转移到温水中而被检查出来。

（3）螨检查法。在羊体患部，先去掉干硬痂皮，然后用小刀刮取一些皮屑，放在烧杯内，加适量的 10% 氢氧化钾溶液，微微加热，20min 后待皮屑溶解，取沉渣镜检。

任务五　山羊疾病用药技术

【任务介绍】

制订山羊养殖场羊群防疫制度及方案，并结合校内山羊养殖场羊群进行药浴、防疫注射。

【知识目标】

1. 掌握山羊给药理论知识。

2. 掌握羊群药浴、疫苗使用理论知识。

【技能目标】

1. 掌握山羊给药方法。

2. 掌握羊群药浴技术、疫苗使用技术。

一　给药方法

1. 群体给药法

为了预防或治疗羊的传染病和寄生虫病及促进畜禽发育、生长等，常常对羊群体施用药物，如抗菌药（四环素族抗生素、磺胺类药等）、驱虫药（如硫苯咪唑等）、饲料添加剂、微生态制剂（如促菌生、调痢生等）等。大群用药前，最好先做小批的药物毒性及药效试验。常用给药方法有以下两种。

（1）混饲给药。将药物均匀混入饲料中，让羊吃料时能同时吃进药物。此法简便易行，适用于长期投药，不溶于水的药物用此法更为恰当。应用此法时要注意药物与饲料的混合必须均匀，并应准确掌握饲料中药物所占的比例；有些药适口性差，混饲给药时要少添多喂。

（2）混水给药。将药物溶解于水中，让羊自由饮用。有些疫苗也可用此法投服。对因病不能吃食但还能饮水的羊，此法尤其适用。采用此法需注意根据羊可能饮水的量，来计算药量与药液浓度。在给药前，一般应停止饮水半天，以保证每只羊都能饮到一定量的水，所用药物应易溶于水。有些药物在水中时间长了会变质，此时应限时饮用药液，以防止药物失效。

2. 口服法

（1）长颈瓶给药法。当给羊灌服稀药液时，可将药液倒入细口长颈的玻璃瓶、塑料瓶或一般的酒瓶中，抬高羊的嘴巴，给药者右手拿药瓶，左手用食指、中指自羊右口角伸入口内，轻轻压舌头，羊口即张开；然后，右手将药瓶口从左口角伸入羊口中，并将左手抽出，待瓶口伸到舌头中段，即抬高瓶底，将药液灌入。

（2）药板给药法。专用于给羊服用舔剂。舔剂不流动，在口腔中不会向咽部滑动，因而不致发生误咽。给药时，用竹制或木制的药板。药板长约 30cm、宽约 3cm、厚约 3mm，表面需光滑没有棱角。给药者站在羊的右侧，左手将开口器放入羊口中，右手持药板，用药板前部刮取药物，从右口角伸入口内到达舌根部，将药板翻转，轻轻按压，并向后抽出，把药抹在舌根部，待羊下咽后，再抹第二次，如此反复进行，直到把药给完。

3. 灌肠法

灌肠法是将药物配成液体，直接灌入直肠内。羊可用小橡皮管灌。先将直肠内的粪便清除，然后在橡皮管前端涂上凡士林、插入直肠内，把连接橡皮管的盛药容器提高到羊的背部以上。灌肠完毕后，拨出橡皮管，用手压住肛门或拍打尾根部，灌肠的温度应与体温一致。

4. 胃管法

羊插入胃管的方法有两种，一是经鼻腔插入；二是经口腔插入。

（1）经鼻腔插入。先将胃管插入鼻孔，沿下鼻道慢慢送入，到达咽部时，有阻挡感觉，待羊进行吞咽动作时乘机送入食道；若不吞咽，可轻轻来回抽动胃管，诱发吞咽。胃管通过咽部后，进入食道，继续深送会感到稍有阻力，这时要向胃管内用力吹气或用橡皮球打气，如果看见左侧颈沟有起伏，就表示胃管已进入食道。如果胃管误入气管，多数羊会表现不安、咳嗽，继续深送，感觉毫无阻力，向胃管内吹气，左侧颈沟看不见波动，用手在左侧颈沟胸腔入口处摸不到胃管，同时，胃管末端有与呼吸一致的气流出现。若胃管已进入食道，继续探送即可到达胃内。此时从胃管内排出酸臭气体，将胃管放低时则流出胃内容物。

（2）经口腔插入。先装好木质开口器，用绳固定在羊头部，将胃管过木质开口器的中间孔，沿上腭直插入咽部，借吞咽动作可顺利进入食道，继续深送，胃管即可到达胃内。胃管插入正确后，即可接上漏斗灌药。药液灌完后，再灌少量清水，然后取掉漏斗，用嘴对胃管吹气或用橡皮球打气，使胃管内残留的液体完全入胃，用拇指堵住胃管口或折叠胃管，慢慢抽出。该法适用于灌服大量水剂及有刺激性的药液。患咽炎、咽喉炎和咳嗽严重的病羊，不可用胃管灌药。

5. 注射法

注射法是将灭过菌的液体药物，用注射器注入羊的体内。注射前，要将注射器和针头用清水洗净，煮沸 30min。注射器吸入药液后要直立推进注射器活塞排除管内气泡，再用酒精棉花包住针头，准备注射。

（1）皮下注射。把药液注射到羊的皮肤和肌肉之间。羊的注射部位是在颈部或股内侧皮肤松软处。注射时，先把注射部位的毛剪净，涂上碘酒，用左手捏起注射部位下皮肤，右手持注射器，将针头斜向刺入皮肤，如针头能左右自由活动，即可注入药液；注毕拔出针头，在注射点上涂擦碘酒。凡易于溶解又无刺激性的药物及疫苗等，均可进行皮下注射。

（2）肌内注射。将灭菌的药液注入肌肉比较多的部位。羊的注射部位是在颈部。注射方法基本上与皮下注射相同、不同之处是，注射时以左手拇指、食指成"八"字形压住所要注射部位的肌肉，右手持注射器将针头向肌肉组织内垂直刺入，即可注药。一般刺激性小、吸收缓慢的药液，如青霉素等，均可采用肌内注射。

（3）静脉注射。将灭菌的药液直接注射到静脉内，使药液随血流很快分布到全身，迅速发生药效。羊的注射部位是颈静脉。注射方法是将注射部位的毛剪净，涂上碘酒，先用左手按压静脉靠近心脏的一端，使其怒张，右手持注射器，将针头向上刺入静脉内，若有血液回流，则表示已插入静脉内，然后用右手推动活塞，将药液注入；药液注射完毕后，左手按住刺入孔，右手拔针，在注射处涂擦碘酒即可，如果药液量大，也可使用静脉输入器，其注射分两步进行：先将针头刺入静脉，再接上静脉输入器。凡输液（如生理盐水、葡萄糖溶液等）及药物刺激性大，不宜皮下或肌内注射的药物（如九一四、氯化钙等），多采用静脉注射。

（4）气管注射。将药液直接注入气管内。注射时，多取侧卧保定，且头高臀低；将针头穿过气管软骨环之间，垂直刺入，摇动针头，若感觉针头确已进入气管，则接上注射器，抽动活塞，见有气泡，即可将药液缓缓注入。若欲使药液流入两侧肺中，则应注射两次，第二次注射时，需将羊翻转，卧于另一侧。本法适用于治疗气管、支气管和肺部疾病，也常用于肺部驱虫（如羊肺线虫病）。

（5）羊瘤胃穿刺注药法。当羊发生瘤胃臌气时，可采用此法。穿刺部位是在左肷窝中央臌气最高的部位。其方法是局部剪毛，用碘酒涂擦消毒，将皮肤稍向上移，然后将套管针或普通针头垂直地或朝右侧肘头方向刺入皮肤及瘤胃壁，放出气体后，可从套管针孔注入止酵防腐药。拔出套管针后，穿刺孔用碘酒涂擦消毒。

二 药浴技术

一般情况下剪过毛的羊都应药浴，以防疥癣病的发生。药浴使用的药剂有 0.05% 的辛硫磷水溶液、石硫合剂。在药浴前 8h 停止喂料，在入浴前 2~3h 给羊饮足水，以防止羊喝药液。先浴健康羊，有疥癣的羊最后浴。药液的深度以没及羊体为原则，羊出浴后应在滴流台上停 10~20min。药浴时间在剪毛后 6~8 天为好，第一次药浴后 8~10 天再重复药浴 1 次。妊娠羊暂不药浴。

 ## 三 疫苗使用技术

羊场防疫工作与养羊业的发展、自然生态环境保护、人类身体健康关系十分密切。目前，各种疫病对养羊业的危害最为严重，它不仅可能造成大批的羊死亡和经济损失，而且某些人畜共患性传染病还可能给人类的健康带来潜在威胁。由于现代规模化、集约化养羊业的饲养高度集中、调运移动非常频繁，因此更易受到传染病的侵袭。这里列出了一些羊场常见易发疫病的防疫措施，以期在生产中起到一定的指导作用。

1. 按季节进行的防疫措施

（1）羊痘鸡胚化弱毒疫苗：预防山羊痘。每年 3—4 月进行接种，免疫期 1 年，接种时不论羊只大小，一律皮下注射 0.5mL/只。

（2）羊链球菌氢氧铝菌苗：预防山羊链球菌病。每年 3—4 月、9—10 月两次防疫，免役期半年，接种部位为背部皮下。接种量为 6 月龄以下 3mL/只，6 月龄以上 5mL/只。

（3）羊四联苗（快疫、猝狙、肠毒血症、羔羊痢疾）或羊五联苗（快疫、猝狙、肠毒血症、羔羊痢疾、黑疫）：每年 2 月底到 3 月初和 9 月下旬两次防疫，不论羊只大小，一律皮下或肌内注射 5mL/只。注射后 14 天产生免疫力，免疫期半年。

（4）口疮弱毒细胞冻干苗：预防山羊口疮，每年 3 月和 9 月两次注射，大、小羊一律口腔黏膜内注射 0.2mL/只。有资料证明，注射山羊痘的羊对口疮也可产生免疫力。

（5）炭疽毒苗：预防炭疽病。每年 9 月中旬注射一次，不论羊只大小，皮下注射 1mL/只，14 天后产生免疫力。

（6）羊口蹄疫苗：预防羊口蹄疫，每年的 3 月和 9 月注射，4 月龄到 2 年的羊只皮下注射 1mL/只，2 年以上的羊注射 2mL/只。

2. 按羊群的生理状况采取的防疫措施

（1）羔羊痢疾氢氧化铝菌苗：专给怀孕母羊注射可使羔羊通过吃初奶获得被动免疫。在怀孕母羊分娩前 20~30 天和 10~20 天时，两次注射，注射部位分别在两后肢内侧皮下，疫苗用量分别为 2mL/只和 3mL/只，注射后 10 天产生免疫力，免疫期为 5 个月。

（2）山羊传染性胸膜肺炎氢氧化铝菌苗：皮下或肌内注射，6 月龄以下 3mL/只，6 月龄以上 5mL/只。免疫期 1 年。

（3）羊流产衣原体油佐剂卵黄灭活苗：预防山羊衣原体性流产。免疫时间在羊怀孕前或怀孕后 1 个月内皮下注射 3mL/只。免疫期 1 年。

（4）破伤风类毒素：预防破伤风。免疫时间在怀孕母羊产前 1 个月或羔羊育肥阉割前 1 个月或受伤时注射，一般在颈部中央 1/3 处皮下注射 0.5mL/只，1 个月后产生免疫力，免疫期 1 年。

（5）羔羊大肠杆菌病苗：预防羔羊大肠杆菌病，皮下注射，3 月龄以下羔羊 1mL/只，3 月龄以上羔羊 2mL/只。注射后 14 天产生免疫力，免疫期 6 个月。

在实际生产中可根据当地的防疫情况有选择性地进行防疫，对当地常发的疫病和自己的养殖场里曾经发生过的疫病应重点预防，从未发生过的疫病可有选择性地进行防疫。有些疫病的防疫药物有多种，可根据自己所处的疫区、生产的需要及经济情况选择不同价位的药物和方法。

3. 预防接种疫苗时要注意的事项

（1）要了解被预防接种羊群的年龄、妊娠、泌乳及健康状况，体弱或原来就生病的羊预防接种后可能会引起各种反应，应说明清楚或暂时不打预防针。

（2）对怀孕后期的母羊应注意了解，如果怀胎已逾 3 个月，应暂时停止接种疫苗，以免造成流产。

（3）对半月龄以内的羔羊，除紧急免疫之外，一般暂不接种。

（4）预防接种前，对疫苗有效期、批号及厂家应注意记录，以便备查。

（5）对预防接种的针头，应做到一羊一换。

任务六　山羊疾病治疗技术

【任务介绍】

对山羊养殖场羊群常见疾病进行诊断分析，开出处方并进行治疗。

【知识目标】

掌握山羊常见疾病的病因、症状、治疗的理论知识。

【技能目标】

掌握山羊常见疾病的病因、症状及治疗方法。

感冒

1. 病因

羊感冒多发于天气多变的早春和初秋，该病以病羊体温升高，精神萎靡，突然不食为主要特征。本病主要是由于对羊只管理不当，因寒冷的突然袭击所致。例如，厩舍条件差，羊只在寒冷的天气突然外出放牧或露宿，或者出汗后拴在潮湿阴凉有过堂风的地方等。

2. 症状

病羊精神不振，头低耳耷，初期皮温不均，耳尖、鼻端和四肢末端发凉，继而体温升高，呼吸、脉搏加快。鼻黏膜充血、肿胀，鼻塞不通，初流清鼻，患羊鼻黏膜发痒，不断喷鼻，并在墙壁、饲槽擦鼻止痒。食欲减退或废绝，反刍减少或停止，鼻镜干燥，肠音不整或减弱，粪便干燥。

3. 治疗

治疗以解热镇痛、祛风散寒为主。

（1）肌内注射复方氨基比林 5~10mL，或者 30% 安乃近 5~10mL，或者复方奎宁、百尔定、穿心莲、柴胡、鱼腥草等注射液。

（2）为防止继发感染，可与抗菌素药物同时应用。复方氨基比林 10mL、青霉素 160 万 IU、硫酸链霉素 50 万 IU，加蒸馏水 10mL，分别肌内注射，日注 2 次。当病情严重时，也可静脉注射青霉素 160 万 IU×4 支，同时配以皮质激素类药物，如地塞米松等治疗。

（3）感冒通 2 片，一日 3 次内服。

 中暑

1. 病因

夏季，天气暑热，如果管理不当，就会造成羊中暑。

2. 症状

羊中暑主要表现为：病羊精神倦怠，头部发热，出汗，步态不稳，四肢发抖，心跳亢进，呼吸困难，鼻孔扩张，体温升高到 40℃~42℃，黏膜充血，眼结膜变蓝紫色，瞳孔最初扩大，后来收缩，全身震颤，昏倒在地，如果不及时抢救，多在几小时内死亡。

3. 治疗

（1）降温。一旦有羊发生中暑，应迅速将其移至阴凉通风处，用水浇淋羊的头部或用冷水灌肠散热，也可驱赶病羊至水中，直至羊体散热降至常温为止。

（2）放血补液。可根据羊只大小及营养状况进行静脉放血，同时静脉注射生理盐水或糖盐水 500～1000mL。

（3）对症治疗。当羊兴奋不安时，内服马比妥 0.1～0.4g；当羊心脏衰弱时肌内注射强心剂 20%的安那咖；对心跳暂停的羊可进行人工呼吸或用中枢神经兴奋剂 25%的尼可刹米 210mL，也可选用安乃近等退烧药物或内服清凉性健胃药，如龙胆、大黄、人工盐、薄荷水等。

预防羊中暑，应保证圈舍、围栏宽敞，通风良好，设置凉棚或树木遮阳，避免环境过热；放牧时尽可能选阴坡，避免阳光直射；适当补喂食盐，供给充足的清洁饮水，避免在炎夏伏天长途运输。

 三 眼病

1. 病因

眼病多发生在炎热和湿度较高的夏、秋季节，传染很快，呈地方性流行，多发生在一侧或两侧眼部，发病率可达 90%～100%，但病死率很低。

2. 症状

病羊流泪，怕光，眼睑肿胀，有脓性分泌物，发病当天可见角膜混浊，呈灰白色半透明或乳白色的不透明，一般先从角膜边缘开始，渐向眼中央发展，最后，可使视力完全丧失。

3. 治疗

（1）1%～2%硼酸水冲洗干净。

（2）四环素药膏每天早晚各 1 次涂于眼中。

（3）青霉素和链霉素各 50 万 IU 加蒸馏水 10mL 冲洗，10mL 肌内注射。

四 腐蹄病

1. 病因

腐蹄病也称为蹄间腐烂或趾间腐烂，秋季易发病，主要表现为皮肤有炎症，具有腐败、恶臭、剧烈疼痛等症状。此病主要由于厩舍泥泞不洁，低洼沼泽放牧，坚硬物（如铁钉）刺破趾间，造成蹄间外伤，或者由于蛋白质、维生素饲料不足及护蹄不当等引起蹄间抵抗力降低，而被各种腐败菌感染所致。

2. 症状

患腐蹄病的羊食欲降低，精神不振，喜卧，走路跛。初期轻度跛行，趾间皮肤充血、发炎、轻微肿胀，触诊病蹄敏感。病蹄有恶臭分泌物和坏死组织，蹄底部有小孔或大洞。用刀切削扩创，蹄底的小孔或大洞中有污黑臭水迅速流出。趾间也常能找到溃疡面，上面覆盖着恶臭物，蹄壳腐烂变形，羊卧地不起，病情严重的体温上升，甚至蹄匣脱落，还可能引起全身性败血症。

3. 治疗

发现羊患腐蹄病应及时整修、治疗。先用清水洗净蹄部污物，除去坏死、腐烂的角质。若蹄叉腐烂，可用2%~3%来苏儿或饱和硫酸铜溶液或饱和高锰酸钾溶液消毒患部，再撒上硫酸铜或磺胺粉或涂上磺胺软膏，用纱布包扎；也可用5%~10%的浓碘酊或3%~5%的高锰酸钾溶液涂抹。若蹄底软组织腐烂，有坏死性或脓性渗出液，要彻底扩创，将一切坏死组织和脓汁都清除干净，再用2%~3%来苏儿或饱或硫酸铜溶液或高锰酸钾溶液消毒患部，用酒精或高度白酒棉球擦干患部，并封闭患部。可选用以下药物填塞、治疗。

（1）用四环素粉或土霉素粉填上，外用松节油棉塞后包扎。

（2）用硫酸铜和水杨酸粉或消炎粉填塞包扎，外面涂上松节油以防腐防湿。

（3）用碘酊棉花球涂擦，再用麻丝填实、包扎。

（4）用磺胺类或抗菌素类软膏填塞、包扎，再涂上松节油。

（5）将50~100g豆油烧开，立即灌入患部，用药棉填塞或用黄蜡封闭，包扎固定。

以上各种治疗方法每隔2~3天需换一次药。

对急性、严重病例，为了防止败血症的发生，应用青霉素、链霉素和磺胺类药物进行全身防治。同时采取以下预防措施：在饲料中补喂矿物质，特别要平衡补充钙、磷；及时清除厩舍中的粪便，烂草、污水等。在厩舍门前放置用10%~20%硫酸铜溶液浸泡过的草袋，或者在厩舍前设置消毒池，池中放入10%~20%硫酸铜溶液，使羊每天出入时洗涤消毒蹄部2~4次。羊患腐蹄病时要隔离饲养。

五 羊口疮

1. 病因

羊口疮又称为"羊传染性脓疱"，是绵羊和山羊的一种由病毒引起的传染病。羊口疮多于春、秋两季群发于3~6月龄羊，成年羊也可感染，但发病较少，呈散发性流行。病羊和带毒羊是主要传染源。自然感染主要是因购入带毒羊传入，或者是利用受污染的畜舍及草地而感染。

2. 症状

病羊以口唇部感染为主要症状。首先在口角、上唇或鼻镜上发生散在的小红斑点，以后逐渐变为丘疹、结节，继而形成小疱或脓疱，蔓延至整个口唇周围及颜面、眼睑和耳廓等部，形成大面积具有龟裂、易出血的污秽痂垢，痂垢下肉芽组织增生，嘴唇肿大外翻呈桑葚状突起。口腔黏膜也常受损害，黏膜潮红，在口唇内面、齿龈、颊部、舌及软腭黏膜上发生水疱，继而发生脓疱和烂斑。若伴有坏死杆菌等继发污染，则恶化成大面积的溃疡，深部组织坏死，口腔恶臭。病羊由于疼痛而不愿采食，表现流涎、精神不振、食欲减退或废绝、反刍减少、被毛粗乱无光、日渐消瘦。哺乳母羊的乳房也可能同样患病，主要是由于被小羊咬伤而感染。

3. 预防

（1）羊口疮主要通过受伤的皮肤和黏膜传染，因此，要保护皮肤和黏膜不使其发生损伤。尽量不喂干硬的饲草，挑出其中的芒刺。给羊加喂适量食盐，以减少羊啃土啃墙，保护皮肤、黏膜。

（2）不要从疫区引进羊及其产品，对引进的羊隔离观察半月以上，确认无病后再混群饲养。

（3）在本病流行地区，用羊口疮弱毒疫苗进行免疫接种。接种时按每只份疫苗加生理盐水在阴暗处充分摇匀，每只羊在口腔黏膜内注射 0.2mL，以注射处出现一个透明发亮的小水泡为准。也可把病羊口唇部的痂皮取下，研成粉末，用 5% 的甘油生理盐水稀释成 1% 的溶液，对未发病羊做皮肤划痕接种，经过 10 天左右即可产生免疫力，对预防本病效果较好。

4. 治疗

（1）首先隔离病羊，对圈舍、运动场进行彻底消毒。

（2）给病羊柔软、易消化、适口性好的饲料，保证充足的清洁饮水。

（3）先将病羊口唇部的痂垢剥除干净，用淡盐水或 0.1% 高锰酸钾水充分清洗创面，然后用紫药水或碘甘油（将碘酊和甘油按 1∶1 的比例充分混合）涂抹创面，每天 1~2 次，直至痊愈。

（4）药物治疗：①用病毒灵 0.1g/kg 体重、青霉素钾或钠盐 4~5mg/kg 体重，每日 1 次，连用 3 日为 1 个疗程，间隔 2~3 日进行第 2 个疗程，一般 2~3 个疗程即可；②维生素 C 0.5mg、维生素 B 120.02mg，混合肌内注射，每日 2 次，3~4 天为 1 个疗程，连用 2 个疗程。

 六 鼻蝇蛆病

1. 病因

羊鼻蝇成虫多在春、夏、秋出现，尤以夏季为多。成虫在 6、7 月开始接触羊群，雌虫在牧地、圈舍等处飞翔，钻入羊鼻孔内产幼虫。经 3 期幼虫阶段发育成熟后，幼虫从深部逐渐爬向鼻腔，当患羊打喷嚏时，幼虫被喷出，落于地面，钻入土中或羊粪堆内化为蛹，经 1~2 个月后成蝇。雌雄交配后，雌虫又侵袭羊群再产幼虫。

2. 症状

羊鼻蝇蛆病是羊鼻蝇幼虫寄生在羊的鼻腔或额突里，并引起慢性鼻炎的一种寄生虫病。患羊表现为精神萎靡不振，可视黏膜淡红，鼻孔有分泌物，摇头、打喷嚏，运动失调，头弯向一侧旋转或发生痉挛、麻痹，听、视力降低，后肢举步困难，有时站立不稳，跌倒而死亡。

3. 治疗

（1）消灭羊舍或牧羊场上的羊鼻蝇成虫。在成虫飞翔季节，在羊鼻腔周围和鼻部涂抹滴滴涕或凡士林软膏，每隔 7 天换药一次，可防成虫飞进鼻腔。

（2）敌百虫，0.075～0.1g/kg 体重，灌服，对寄生在鼻腔内的幼虫有 100% 的杀伤力，对进入鼻腔深处的幼虫有 70% 左右的效果。

（3）3% 的来苏儿，喷洗鼻腔，每侧鼻孔喷射药液 20～30mL；也可用 1% 的敌百虫溶液喷鼻。

（4）用百部根煎成浓汁，滴入病羊鼻腔，效果显著。

七 羊肺炎

1. 病因

（1）因感冒而引起。如圈舍湿潮，空气污浊，而兼有贼风，即容易引起鼻卡他及支气管卡他，如果护理不周，就可发展成肺炎。

（2）气候剧烈变化。如放牧时忽遇风雨或剪毛后遇到冷湿天气。严寒季节和多雨天气更易发生。

（3）羊抵抗力下降。在绵羊中并未见到病原菌存在，人类肺炎球菌在家畜中没有发现，但当抵抗力减弱时，许多细菌即可乘机而起，发生病原菌的作用。

（4）异物入肺。吸入异物或灌药入肺，都可引起异物性肺炎（机械性肺炎）。灌药入肺的现象多因灌药过快，或者因羊头抬得过高，同时羊只挣扎反抗。例如，对臌胀病灌服药物时，由于羊呼吸困难，最容易挣扎而发生问题。

（5）肺寄生虫引起。如肺丝虫的机械作用或造成营养不良而发生肺炎。

（6）可为其他疾病（如出血性败血病、假结核等）的继发病。往往因病长期偏卧一侧，引起一侧肺的充血，而发生肺炎。一旦继发肺炎，致死率常比原发疾病高。

2. 症状

症状因病因的性质而异。其发展速度大多很慢，但小羊偶尔也有急性的。初发病时，精神萎靡，食欲减退，体温上升达 40℃～42℃，寒战，呼吸加快。心悸亢进，脉搏细弱而快，眼、鼻黏膜变红，鼻无分泌物，常发干而痛苦的咳嗽音。以后呼吸愈见困难，表现喘息，终至死亡。死亡常在 1 周左右，死亡率的高低不定。

3. 预防

加强调养管理，这是最根本的预防措施。为此应供给富含蛋白质、矿物质、维生素的饲料；注意圈舍卫生，不要过热、过冷、过于潮湿，空气要流畅。在下午较晚时不要洗浴，因没有晒干的机会。剪毛后若遇天气变冷，应迅速把羊赶到室内，必要时还应在室内生火。远道运回的羊只，不要急于喂给精料，应多喂青饲料或青贮料。

对呼吸系统的其他疾病要及时发现，抓紧治疗。为了预防异物性肺炎，灌药时务必小心，不可使羊嘴的高度超过额部，同时灌入要缓慢。一遇到咳嗽，应立刻停止。最好是使用胃管灌药，但要注意不可将胃管插入气管内。

4. 治疗

由传染病或寄生虫病引起的肺炎，应集中力量治疗原发病。

首先要加强护理，发现之后，及早把羊赶至清洁、温暖、通风良好但无贼风的羊舍内，保持安静，喂给容易消化的饲料，经常供应清水。

（1）采用抗生素或磺胺类药物治疗，病情严重时可以两种同时应用，即在肌内注射青霉素或链霉素的同时，内服或静脉注射磺胺类药物。采用四环素或卡那霉素，疗效更好。

（2）四环素 50 万 IU 糖盐水 100mL 溶解均匀，一次静脉注射，每日 2 次，连用 3~4 天。

（3）卡那霉素 100 万 IU 一次肌内注射，每日 2 次，连用 3~4 天。

（4）对症治疗：根据羊只的不同表现，采用相应的对症疗法。例如，当体温升高时，可肌内注射安乃近 2mL 或内服阿司匹林 1g，每日 2~3 次。当发现干咳、有稠鼻时，可给予氯化铵 2g，分 2~3 次，1 日服完。

（5）处方给药：磺胺嘧啶 6g、小苏打 6g、氯化铵 3g、远志末 6g、甘草末 6g 混合均匀，分为 3 次灌服，1 日用完。

（6）当呼吸十分困难时，可用氧气腹腔注射法。此法简便而安全，能够提高治愈率。剂量按 100mL/kg 体重计算。注射以后，可使病羊体温下降，食欲及一般情况有所改善。虽然在注射后第一昼夜呼吸频率加快（41~47 次），呼吸深度有所增加，但经过 2~3 天可以恢复正常。

（7）为了强心和增强小循环，可反复注射樟脑油或樟脑水。若有便秘，可灌服油类或盐类泻剂。

八 羊异食癖

羊异食癖是由于代谢机能紊乱、味觉异常的一种非常复杂的多种疾病的综合征。临床特征为家畜到处舔食、啃咬通常认为无营养价值而不应该采食的东西。一般多发生于冬季和早春舍饲的羊。

1. 病因

矿物质缺乏，特别是钠盐不足，钠的缺乏可因饲料中钠不足，也可因饲料中钾盐过多而造成；维生素缺乏，特别是 B 族维生素的缺乏，因为这是体内许多与代谢关系密切的酶及辅酶的组成成分，当其缺乏时，可导致体内代谢紊乱；蛋白质和氨基酸缺乏。饲料蛋白质含量不足时，特别是硫元素的缺乏，可引起食毛症。矿物质锌的缺乏，可能会造成啃毛的现象。

2. 症状

羊异食癖一般以消化不良开始，然后出现味觉异常和异食症状。患羊舔食、啃咬、吞咽被粪便污染的饲料或垫草。舔食墙壁、食槽、砖、瓦块等，对外界刺激的敏感性增高，反应迟钝。被毛无光泽、贫血、消瘦。羊有时可发生食毛癖，多见于羔羊。

3. 预防

改善饲养管理，给予全价日粮；羊 TMR 颗粒饲料能够满足羊只所需的各种营养，可以有效地预防羊只维生素及矿物质的缺乏症。该病的预防一般不需要添加特殊的药品，做好饲料的合理喂饲即可。

4. 治疗

根据地区土壤缺乏的矿物质情况，缺什么补什么。严重时可以适当添加一些富含矿物质及维生素的饲料，满足羊只对此类营养物质的需要即可。

九 急性瘤胃胀气

1. 病因

急性瘤胃胀气多发于春、秋季，由于放牧时羊采食了大量露水青草及鲜地瓜秧、苜蓿等豆科类牧草，这些青草在瘤胃中发酵产生大量气体，引起瘤胃迅速膨胀。有时因为冬天长期喂饲青干草，春季偶吃青草容易采食过量，大量青草在瘤胃内发酵产生大量气体，引发该病。

2. 症状

病羊往往突然发病，食欲和反刍停止，站立不安，腹部胀满，呼吸急促。重者四肢开张，张口喘气，甚至全身出汗，步态不稳，突然倒地窒息而死亡。

3. 预防

急性瘤胃胀气放牧时易发，有条件的可采用舍饲饲养，可在一定程度上避免该病。不要给羊只饲喂带露水或冰霜的饲料。开春时注意控制羊只采食，防止过饱。可采用羊 TMR

颗粒饲料，能够有效地避免这些情况发生。

4. 治疗

急性瘤胃胀气一般发病较急，应该立即急救，找一截柳树棍塞到羊嘴内，两端用绳子拴在羊头上，让羊咀嚼，同时用手按摩其左肷部，帮助排气；或者将 5~10 支香烟剥纸，分两次将其中的烟丝塞进羊嘴内，病轻者吃烟丝后 1h 即愈，还可以用新鲜的草木灰 10~20g 和 50~100mL 植物油搅拌均匀后灌服。如果上述方法都不见效，应请兽医进行穿刺放气。

 尿结石

尿结石（石淋）是指在肾盂、输尿管、尿道内生成或存留以碳酸钙、磷酸盐为主的盐类结晶，使羊排尿困难，并由结石引起的泌尿器官发生炎症的疾病。该病以尿道结石多见，而肾盂结石、膀胱结石较少见。种公羊多发。临床以排尿障碍、肾区疼痛为特征。

1. 病因

根据对临床病例进行分析，发现该病常与以下因素有关。

（1）溶解于尿液中的草酸盐、碳酸盐、尿酸盐、磷酸盐等，在凝结物周围沉积形成大小不等的结石，结石的核心可能发现上皮细胞、凝血块、脓汁等有机物。

（2）由尿路炎症引起的尿潴留或尿闭，可促进结石形成。

（3）饲料和饮水中含钙、镁盐类较多，喂饲大量的甜菜块根及渣粕，饲料中麸皮比例较高等，常可促使该病的发生。

（4）种公羊患肾炎、膀胱炎、尿道炎时，不可忽视尿结石的形成。

2. 临床症状

尿结石常因发生的部位不同而症状各异。

尿道结石常因结石完全或不完全阻塞尿道，引起尿闭、尿痛、尿频时，才被人们发现。病羊排尿努责，痛苦咩叫，尿中混有血液。尿道结石可致膀胱破裂。

膀胱结石在不影响排尿时，无临床症状，常在死后剖检时，才发现肾盂处有大量的结石。

肾盂内较小的结石可进入输尿管，使之扩张，使羊发生病痛症状。显微镜检查尿液，可见有浓细胞、肾盂上皮、沙粒或血液。当尿闭时，常可发生尿毒症。

对发生尿液少或尿闭，以及患有肾炎、膀胱炎、尿道炎病史的公羊，不应排除发生尿结石的可能。

3. 预防

尿结石以预防为主，根据病因做好具有针对性的预防工作。在管理上注意尿道、膀胱、肾脏炎症的治疗；在饲料方面，应该做好饲料钙磷比例的合理搭配，一般为 1 : 1 ~ 2 : 1，精料中含有较多的磷，长期大量喂饲精料会使磷的含量增多，造成磷酸盐结石，粗饲料中钙的含量较高，青绿饲料中含草酸较多，容易结合生成草酸钙结石。采用营养物质合理搭配的饲料来饲养可以避免此种情况的发生。在饮水方面，有些地方的水质较硬，更应该防止该病的发生。

4. 治疗

药物治疗一般无效果。对种公羊，在尿道结石时可施行尿道切开术，摘除结石。由于肾盂和膀胱中的小块结石可随尿液落入尿道，而形成尿道阻塞，因此在施行肾盂及膀胱结石摘除术时，对预后要慎重。

 肠道线虫

1. 病因

羊通过采食被污染的牧草或饮水而感染。

2. 症状

羊消化道线虫感染的临床症状以贫血、消瘦、下痢便秘交替和生产性能降低为主要特征。表现为患病动物结膜苍白、下颌间和下腹部水肿，便稀或便秘，体质瘦弱，严重时造成死亡。

3. 预防

可采取加强饲养管理、定期轮牧和计划驱虫相结合的综合防治措施。

4. 治疗

常用左旋咪唑，口服 8 ~ 10mg/kg 体重，肌内注射 7.5mg/kg 体重。驱虫时，应在首次给药后 2 ~ 3 周再次给药。丙硫咪唑（抗蠕敏），口服 5mg/kg 体重。虫克星（阿维菌素）或精制敌百虫效果也很好。

 绦虫

1. 病因

羊放牧时吞食含有绦虫卵的地螨而引起感染。

2. 症状

感染绦虫的病羊一般表现为食欲减退、饮欲增加、精神不振、虚弱、发育迟滞，严重时病羊下痢，粪便中混有成熟绦虫节片，病羊迅速消瘦、贫血，有时出现痉挛或回旋运动或头部后仰的神经症状，有的病羊由于虫体成团引起肠阻塞产生腹痛甚至肠破裂，因腹膜炎而死亡。病末期，常因衰弱而卧地不起，多将头折向后方，经常做咀嚼运动，口周围有许多泡沫，最后死亡。

3. 预防

（1）采取圈养的饲养方式，以免羊吞食地螨而感染。

（2）避免在低湿地放牧，尽可能地避免在清晨、黄昏和雨天放牧，以减少感染。

（3）定期驱虫，舍饲改放牧前对羊群驱虫，放牧1个月内两次驱虫，1个月后第三次驱虫。丙硫咪唑10mg/kg体重；氯硝柳胺（驱绦灵）100mg/kg体重；硫双二氯酚75~150mg/kg体重。

（4）驱虫后的羊粪便要及时集中堆积发酵或沤肥，需要2~3个月才能杀灭虫卵。

（5）经过驱虫的羊群，不要到原地放牧，及时地转移到清洁的安全牧场，可有效预防绦虫病的发生。

4. 治疗

常用氯硝柳胺（灭绦灵），内服50~70mg/kg体重，投药前停饲5~8h。

 肺线虫

1. 病因

当肉羊吃草或饮水时，都有可能感染幼虫。

2. 症状

羊群感染肺线虫时，首先个别羊干咳，继而成群羊咳嗽，运动时和夜间更为明显，此时呼吸声也明显粗重，如拉风箱。在频繁而痛苦的咳嗽时，常咳出含有成虫、幼虫及成卵的黏液团块。咳嗽时伴发啰音和呼吸急促，鼻孔中排出黏稠分泌物，干涸后形成鼻痂，从而使呼吸更加困难。病羊常打喷嚏，逐渐消瘦，贫血，头、胸及四肢水肿，被毛粗乱。羔羊症状严重，死亡率也高。羔羊轻度感染或成年羊感染时的症状表现较轻。小型肺线虫单独感染时，病情表现比较缓慢，只是在病情加剧或接近死亡时，才明显表现为呼吸困难、干咳或呈暴发性咳嗽。

3. 预防

（1）改善饲养管理，提高羊的健康水平和抵抗力，可缩短虫体寄生时间。

（2）在本病流行区，每年春、秋两季（春季在2月，秋季在11月为宜）进行两次以上定期驱虫，驱虫治疗期应将粪便进行生物热处理。

（3）加强羔羊的培育，羔羊与成羊分群放牧，并饮用流动水或井水；有条件的地区，可实行轮牧；避免在低洼沼泽地区放牧；冬季应予适当补饲。

4. 治疗

（1）驱虫净：按 10~20mg/kg 体重，1 次灌服，肌内或皮下注射，按 10~12mg/kg 体重。

（2）左旋咪唑：按 8mg/kg 体重，1 次灌服；肌内或皮下注射，按 5~6mg/kg 体重。

（3）丙硫苯咪唑：按 5~10mg/kg 体重，1 次灌服。

（4）苯硫咪唑：按 5mg/kg 体重，1 次灌服。

（5）氰乙酰肼（网尾素）：按 17mg/kg 体重，1 次灌服，每天 1 次，连用 3~5 天；或者按 15mg/kg 体重，皮下或肌内注射，如有中毒症状可用同剂量维生素 B6 解救。

（6）亚砜咪唑：按 5mg/kg 体重，1 次灌服。

 肝片吸虫

1. 病因

肝片吸虫是由片形吸虫寄生于羊等反刍动物的肝脏、胆管内引起的一种寄生虫病。在我国有两种病原，即肝片吸虫和大片吸虫。

2. 症状

多发于夏、秋两季，表现为精神沉郁，食欲不佳，可视黏膜极度苍白，黄疸，贫血。病羊逐渐消瘦，被毛粗乱，毛干易断，肋骨突出，眼睑、颌下、胸腹下部水肿。放牧时有的吃土，便秘与腹泻交替发生，拉出黑褐色稀粪，有的带血。病情严重的，一般经 1~2 个月后，因病恶化而死亡；病情较轻的，拖延到次年天气回暖，饲料改善后逐渐恢复。

3. 预防

每年春、秋两季，是防治肝片吸虫的关键时期。羊饲养户一定要抓住这个关键时期，搞好驱虫。此时驱虫，既能杀死当年感染的幼虫和成虫，又能杀灭由越冬蚴感染的成虫。

4. 治疗

常用硝氯酚，肌内注射 3~4mg/kg 体重，皮下注射 1~2mg/kg 体重；丙硫咪唑，10mg/kg 体重。

十五 **血吸虫**

1. 病因

羊饮水或放牧时，血吸虫的尾蚴即钻入羊皮肤或通过口腔黏膜进入羊体内。

2. 症状

羊患本病多呈慢性经过，只有当突然感染大量尾蚴后，才急性发病。病羊表现体温升高，似流感症状，食欲减退，精神不振，呼吸迫促，有浆液性鼻液，下痢，消瘦等，常可造成大批死亡。一经耐过则转为慢性。轻度感染的羊，缺乏急性表现。慢性病例一般呈现黏膜苍白，下颌及腹下水肿，腹围增大，消化不良，软便或下痢。幼羊生长发育停滞，甚至死亡。母羊不发情、不孕或流产。

3. 预防

定期驱虫，病羊要淘汰。结合水土改造工程或用灭螺药物杀灭中间宿主，阻断血吸虫的发育途径。疫区内粪便进行堆肥发酵和制造沼气，既可增加肥效，又可杀灭虫卵。选择无螺水源，实行专塘用水，以杜绝尾蚴的感染。

4. 治疗

（1）硝硫氰胺剂量按 4mg/kg 体重，配成 2%~3% 水悬液，颈静脉注射。

（2）吡喹酮剂量按 30~50mg/kg 体重，1 次口服。

（3）敌百虫剂量绵羊按 70~100mg/kg 体重，山羊按 50~70mg/kg 体重，灌服。

（4）六氯对二甲苯剂量按 200~300mg/kg 体重，灌服。

 焦虫病

1. 病因

焦虫病是由蜱传播的，这种病是一种季节性很强的地方性流行病。

2. 症状

病羊精神沉郁，食欲减退或废绝，体温升高到 40℃~42℃，呈稽留热型。呼吸促迫，喜卧地。反刍及胃肠蠕动减弱或停止。初期便秘，后期腹泻，粪便带血丝。羊尿混浊或血尿。可视黏膜充血，部分有眼屎，继而出现贫血和轻度黄疸，中后期病羊高度贫血，血液稀薄，结膜苍白。肩前淋巴结肿大，有的颈下、胸前、腹下及四肢发生水肿。

3. 预防

（1）在秋、冬季节，应搞好圈舍卫生，消灭越冬硬蜱的幼虫；春季刷羊体时，要注意观察和抓蜱。可向羊体喷洒敌百虫。

（2）加强检疫，不从疫区引进羊，新引进羊时要隔离观察，严格把好检疫关。

（3）在流行地区，于发病季节前，每隔 15 天用三氮脒预防注射 1 次，按 2mg/kg 体重配成 7% 水容液肌内注射。

4. 治疗

（1）国产血虫净，5mg/kg 体重，用蒸馏水配成 2% 溶液，臀部深层分点肌内注射，每天 1 次，一般注射 3 次为 1 疗程，疗效为 100%。

（2）阿卡普林，2mL/kg 体重，用蒸馏水配成 1% 溶液，皮下注射 1 次即可，也可应用黄色素静脉注射或口服焦虫片等。

用驱虫药的同时应加强护理和采取强心、补液、健胃、清肝利胆等对症治疗措施。

十七 体外寄生虫

常用敌百虫，治羊鼻蝇，内服，$60\sim70mg/kg$ 体重；治疥螨，用 0.5% 敌百虫溶液药浴。也可用 0.1% 畜卫佳，内服，$0.3g/kg$ 体重，或者肌内注射阿维菌素等。

项目六 山羊的产品与加工

项目简介

本项目分为山羊的产品、山羊产品的加工与开发两个具体的学习任务。通过参观山羊产品加工厂了解山羊的产品及加工过程，在畜产品加工实训室完成主要的山羊产品加工。

任务一 山羊的产品

【任务介绍】

带学生到山羊产品加工厂参观，现场对学生进行讲解，从而让学生了解山羊的产品及加工过程。

【知识目标】

掌握山羊产品的种类。

【技能目标】

认知山羊产品。

山羊的产品

1. 山羊肉

羊肉纤维较细嫩，质地较柔软，肥瘦较适中，营养较丰富，有其独特的食用价值。各地人们常以羊肉作为营养补品和烹调名菜迎市。

羊肉有绵羊肉和山羊肉之分。山羊肉与绵羊肉相比，肉色较红，脂肪含量较低。山羊肉中含水分为73.3%，蛋白质为20.65%，脂肪为4.3%，灰分为1.25%。在蛋白质中含有多种氨基酸，尤以精氨酸、组氨酸、色氨酸、丝氨酸、酪氨酸含量多。在山羊肉中脂肪分布均匀，胆固醇含量低，每100g山羊肉中含胆固醇60mg，且热量大，每100g山羊肉可产生828kJ热量。所以，山羊肉是高蛋白、低脂肪、低胆固醇的肉类，具有营养性和保健性的特点。

2. 山羊乳

山羊乳是一种营养丰富的奶品，有其独特的营养价值。山羊乳含的营养物质比较全面，鲜山羊乳含总固体为13%，脂肪为4.22%，蛋白质为3.5%，乳糖为4.17%，灰分为0.79%。山羊乳是一种高级蛋白质的营养品，在山羊乳蛋白质中含75%的酪蛋白，25%的白蛋白和球蛋白，还含有多种氨基酸，特别是有利于人体健康的必需氨基酸含量较高，且乳中脂肪球小，在消化道内易于充分乳化，增加与脂肪酶的接触面积，从而易于消化吸收，其消化率为97%～98%；山羊乳含有肉、蛋中所缺乏的乳糖，乳糖不但与人脑发育有关，还能在肠中增加钙、磷、镁等矿物质的同化作用，所以它是抗佝偻病最好的食品之一；山羊乳中矿物质种类完善，配合比例恰当，含量丰富，易于消化利用；山羊乳中还含有丰富的维生素。

山羊乳除了丰富的营养含量，还有很少含结核菌、不会引起过敏反应及乳呈碱性等特点。适于胃酸过多人的饮用。

山羊乳有一种特殊的膻味，并且随着乳的新鲜程度的降低而加重，刚挤下的乳膻味很轻。为了减轻膻味，挤乳场所和放置乳品的地点应远离公羊所在的场所；挤乳母羊要保持畜体清洁卫生，特别是乳房区；乳品应及早利用，不可搁置太久。

3. 山羊绒

山羊绒在国际市场上又称为"开司米"。这是由于最早由克什米尔地方的居民，用当地山羊和我国西藏山羊所产的绒毛编织轻薄柔软的披肩，远销外地而得名。山羊绒是指绒山羊被毛中底层纤细柔软的毛纤维而言，它同马海毛（安哥拉山羊毛）、兔毛、骆驼毛等都属于天然纤维中的特种毛纤维，用以生产具有特殊风格的毛织品，是毛纺工业的高级原料，有"纤维中之宝石"之称。

我国生产的山羊绒绒纤维较细，绒纤维直径一般为 $14\sim17\mu m$，绒长 $40\sim50mm$，强度 $4.08\sim5.66g$，光泽明亮如丝。其织品具有轻、暖、手感柔软滑爽三大特点，属高档商品，是当今人们追求的理想衣着之一。我国山羊绒产量居世界首位，并以质优而闻名。山羊绒是我国传统的出口物资，售价为细羊毛的 $7\sim8$ 倍。近年来，我国用山羊绒加工织成的羊绒衫，已远销北美、西欧等地，颇受欢迎。在国内也已开辟出广阔的市场。

4. 山羊毛

山羊毛包括普通山羊粗毛和安哥拉山羊毛。从普通地方山羊、毛皮山羊、肉用山羊及绒毛山羊身上剪取的粗毛，长且较硬，统称为山羊粗毛。其用途较为广泛，是长毛绒、人造毛皮、绒布、毡毯、工艺呢、布幔呢、坐垫、毛笔、排笔、画笔、各种刷和民族用品等方面的重要原料，需求量很大。我国生产的山羊粗毛大部分用于出口，远销国外。安哥拉山羊品种生产的山羊毛，在国际市场上称为"马海毛"，属同质羊毛，毛纤维细长，强度大而富有弹性，光泽明亮如丝，具有波浪状大弯曲，是一种优质高档的毛纺原料，用以织造精梳纺衣料、毛毯、银枪呢、人造毛皮、窗帘等高档商品，经济价值很高，在国际市场上的售价相当于美利奴羊毛价格的 4 倍。安哥拉山羊毛纤维的细度范围为 $10\sim90\mu m$，主体细度为 $30\sim39\mu m$，羊毛细度有随年龄增长而变粗的趋向，羊毛长度约 18cm。

5. 山羊皮

山羊皮是山羊业的重要产品之一。有山羊板皮和山羊绒皮之分。山羊板皮是我国大宗的传统出口商品之一。我国山羊板皮质量较好，颇受国际市场欢迎。山羊板皮有特殊的纤维结构，根据不同的制造方法，可制成不同的皮革，使产品具有不同的物理特性，从硬皮到软皮。可制成皮衣服、皮鞋，在皮革上可染上各种喜欢的颜色。山羊皮具有柔软性、抗性、弹性、延伸性和变性以后的复原性。山羊皮经鞣制后不易腐烂，利用起来更加方便，并增加皮张的抗水性能。山羊皮比绵羊皮质地更加坚实，毛囊卷成螺旋转，不易透气。细毛、短毛和软毛山羊皮比粗毛、长毛山羊皮制成的皮板，在国际市场上价格更高。山羊皮的用途很广，可制作皮背心、皮鞋、皮手套、皮帽；也可制作装饰品、观赏品、羊皮纸等。

山羊绒皮是在立冬到来年立春前剥取的未经抓绒的山羊绒皮。被毛细长，底绒丰密，板质薄。山羊绒皮鞣制后可做皮衣，皮褥子；也可将长毛拔掉，只留绒毛，称为山羊拔绒皮，染色后，做皮衣和褥子。

山羊绒皮有猾子皮与裘皮之分。凡流产或生后 $1\sim3$ 天的羔皮所剥取的山羊毛皮称为猾子皮。著名的青山羊猾子皮属于这种皮。猾子皮具有青色的波浪花纹。猾子皮一般是露皮穿着，用以制作皮帽、皮领和翻皮大衣；从出生 1 个月龄以上羊羔剥取的皮称为裘皮。

著名的中卫沙毛皮属于这种皮。有黑白两色，具有保暖、结实、轻便、美观、穿着不赶毡、富弹性及不变形等特点。可以长期保持其形状，并能很好地附着染色。裘皮主要用来制作毛面向里穿着的衣物，作为御寒保暖之用。

6. 山羊肠衣

山羊肠衣质地坚韧，是用于加工香肠、弦网、肠线等的优质原料。我国生产的山羊肠衣以品质稳定、肠壁坚韧而深受用户欢迎。

 ## 山羊产品在国民经济中的作用

1. 山羊肉、山羊乳营养丰富，是人类理想的食品

山羊肉中含蛋白质 20.65%。具有多种氨基酸，所以，山羊肉的营养价值高，是我国主要的肉品来源之一。

山羊乳营养全面，鲜山羊乳含总干物质 13%，脂肪 4.22%，蛋白质 3.5%，乳糖 4.17%，灰分 0.79%。山羊乳是一种高级营养品，除了饮用，还可制作乳制品，利用潜力很大。

2. 山羊毛、山羊绒、山羊皮是轻纺、制革的工业原料

山羊绒是名贵的毛纺原料，用它织成的克什米尔丝绒是高级的针织品。其羊毛（绒）织品保温力强，不易皱缩，穿着舒适。

山羊皮制的皮衣、皮件，样式美观，经久耐用；羽绒服、羽绒被是上等的防寒佳品。

3. 养山羊积肥，能提高农作物产量

山羊粪尿是各种家畜粪尿中肥分最浓的，氮、磷、钾的含量比较高，是一种很好的有机肥料，多养山羊可以多积肥，多施肥是增加农作物单位面积产量的重要措施之一。1 只羊全年的净排粪量为 750~1000kg，总含氮量为 8~9kg，相当于一般的硫酸铵 35~40kg，可施 1~1.5 亩地，对农作物增产有显著作用，在一些山区和土地贫瘠的地方，尤其应注意发展养羊业。羊粪尿是一种优质速效的热性肥料，它对改善土壤团粒结构，防止板结，特别是对改良盐碱地和黏土，提高肥力（尤其对水田）都有显著效果。

综上所述，说明山羊的产品用途很多，价值很大，对发展国民经济和改善人民生活水平都有重要作用。因此，要加快发展我国饲养山羊的步伐，提高质量，提供更多的产品以适应社会经济的发展和人民生活水平提高的需要。

任务二　山羊产品的加工与开发

【任务介绍】

分组到畜产品加工实训室，通过屠宰山羊，分割胴体，加工主要的山羊产品，掌握山羊的产品加工过程。

【知识目标】

掌握山羊产品的加工与贮存知识。

【技能目标】

掌握山羊主要产品的加工方法。

一　山羊乳产品的加工和贮存

1. 鲜乳的贮存

刚挤出的鲜乳具有杀菌特性，能抑制乳中细菌的繁殖，其杀菌特性保持时间与温度有关，在30℃~35℃时，鲜乳的杀菌特性保持时间不超过2h，10℃时为24h，5℃时为48h，在0℃以下保存鲜乳，能保持羊乳原有的理化特性及其杀菌能力。因此，羊乳在贮存前必须先进行冷却，在最初几小时应多次搅拌，使整个乳桶中的乳全面降温冷却，再进行贮存。已冷却的乳可放在有流动冷水的水池、冰水池、井水中贮存。如果对鲜乳进行杀菌消毒，就更能延长鲜乳的保存时间。

2. 鲜乳的运输

运输前仔细搅拌，因为贮存时有多层乳酪浮在乳的表面。装乳的桶要用橡皮衬垫，桶口用消毒纱布盖紧。夏季气温高，夜间运输为好，冬天运输要防结冰。要将乳桶装满，防止运输中强烈震荡而改变乳的组织状态。

3. 主要乳制品

（1）乳粉。乳粉是通过各种方法干燥的乳，水分在5%以下。

（2）炼乳。炼乳是将乳浓缩至原体积的40%~50%。

（3）干酪。干酪是以全乳或脱脂乳为原料，利用凝乳酶将其凝固，再通过排浆、压榨、成型加盐、经一定时间的发酵成熟而制成。

（4）黄油。黄油是通过分离机使乳中水分降到16%以下而制成的酸性乳油，呈白色，在牧区称为酥油，一般不凝结成块而呈浓液状。

（5）干酪素。以酸或凝乳酶使脱脂乳中的酪蛋白凝固，然后放出乳清，再将酪蛋白凝块洗涤、压榨、干燥，制成干酪素。干酪素是医药、造纸、塑料、胶合等工业的原料。

（6）乳糖。利用制造干酪素所余下的乳清，除去乳清蛋白质，然后经蒸发、浓缩、冷却结晶、分离洗涤、干燥等工序制成乳糖。乳糖为青霉素生产的培养基、婴儿食品添加剂，在洗涤剂、塑料、合成纤维等工业中也有广泛用途。

 ## 二 山羊的屠宰

山羊屠宰前必须严格进行兽医卫生检验，健康无病才允许屠宰。宰前 6~24h 停止放牧和喂饲，仅可供给饮水，以保证屠羊的正常生理机能，便于放血完全，清理内脏。屠宰山羊时，先称活重，后用尖刀在羊的下颌角附近割断颈动脉，再用刀顺下颌把颈下部切开，充分放血。然后沿腹中线切开皮肤，自颈部至尾部，从前至后立即剥皮，或者宰后将羊放入水温为 65℃~70℃ 的热水池或热水锅中浸烫 3~5min，再把毛煺干净。倒挂羊只顺腹中线开膛。从枕环关节和第一颈椎间切断去头，从前肢至桡骨以下，后肢胫骨以下切断去蹄，即为胴体。静置 30~40min 后称重，可计算屠宰率。

$$屠宰率（\%）= 胴体重 \div 宰前活重 \times 100\%$$

剥下皮板毛面向下，平铺在地上晾干或进行羊皮初加工。

 ## 三 山羊胴体的分割方法

1. 两段分割法

两段分割法，即将胴体从尾椎到颈椎沿脊椎均匀劈半，要注意保持胸椎处棘突剖面的完整，以免出口降低等级和市销的美观，然后将每边胴体在第 12 和第 13 对肋骨之间分割成前躯和后躯两部分，在后躯保留一对肋骨。俗称前腿和后腿肉，共四腿肉。

2. 五部位分割法

五部位分割法，即胴体劈半后，每半胴体可割成五块。①臀部及后腿肉：由最后腰椎处横切；②腰肉：从最后一个腰椎至最后一根肋骨处横切；③肋肉：从最后一根肋骨至第 4 和第 5 对肋骨间横切；④肩颈部肉：由肩胛骨后缘及第 4 肋骨后缘向下横切，包括第 1 至第 4 对肋骨和颈及前腿肉；⑤腹下肉：整个腹部软组织部分。

四 山羊肉的贮藏

1. 自然冷冻

在我国北方的寒冷地区，冬季气温常达-20℃左右，可采用自然冷冻贮存法。将胴体冻硬后，平放成堆，在冻肉上要泼水，使其冰冻，以免肉品表面变干。采用此法可保存一冬或陆续外运销售。

2. 冷冻保藏

羊的胴体冷却后，送往冷库冻结贮存。先在冷库室冷冻至-23℃，经24~48h，移入冷藏间。冷藏间保持室温-18℃，相对湿度95%~98%，可贮存5~12个月。

3. 二氧化碳气保鲜法

近年来国外研究用二氧化碳气保鲜，即将鲜肉置于10%二氧化碳气体的室内或集装箱中保存。此法能抑制腐败菌的繁殖，可使鲜肉保存40~80天。如果气压提高，还可进一步延长保鲜期。

五 选购优质山羊肉和去除肉中膻味

1. 选购优质山羊肉

肉的质量直接影响烹调加工后菜肴的口味。肉质好坏主要根据瘦肉的颜色与分布情况、脂肪含量、膻味轻重、肉的鲜嫩度、多汁性等特性来评价。只有选购上等品质羊肉，才能制作出可口的佳肴。

上等品质的山羊肉，要求质地坚实而细嫩、味美、膻味轻、颜色鲜艳，以偏鲜红色为好。结缔组织少，肉呈大理石状，一般分布均匀而不过厚，最好不超过0.5cm，脂肪坚实，色白，黄色者不佳，脂肪软的，含不饱和脂肪酸多，氧化后易酸败，不宜保存。

山羊8月龄屠宰的，肉质细嫩，膻味轻。小于5月龄屠宰的羔羊肉，肉虽细嫩，但缺乏肉香味。成年羊或老羊，肉质粗，膻味重，制作菜肴适口性差。因此，只要达到一定体重，膘度在最好的时期，肉质尚未变得粗韧而膻味又不太重之前进行屠宰最为合适。

2. 除去山羊肉膻味的几种方法

用温水洗净山羊胴体的胸腔、腹腔。颈部游离的脂肪及肌肉之间的脂肪，俗称为"羊油"，在"羊油"中存在特殊挥发性不饱和脂肪酸，经烹饪加工后膻味较重。而皮下脂肪属于饱和脂肪酸，膻味较轻。在烧煮山羊肉时，可适量放些鲜橘子皮或几片鲜橘子叶，这样不但能除去膻味，而且还能使味道更鲜美。也可每千克肉放20~30粒绿豆，或者放3个带壳核桃，或者放5个山楂，既能除去膻味，又能使羊肉熟得快。用白萝卜一个，周围钻些孔，与山羊肉同时下锅烧煮，半小时后将白萝卜捞出，羊肉即无膻味。在吃山羊肉火锅时，放少量白萝卜，羊肉更细嫩，萝卜更是别具风味。除此之外，在烧煮山羊肉时，加少量香醋或柠檬汁或番茄汁，也可去掉膻味。

六 制作羊肉香肠和腊羊肉

1. 制作羊肉香肠的工艺流程

（1）绞切。将割除筋膜、肌腱和淋巴的鲜羊肉用绞肉机或利刀切成肉粒。

（2）拌料。将肥瘦肉、食盐、亚硝酸盐和调味品等辅料充分拌匀。食盐用量占鲜肉重的 1.5%~2%，食糖用量为产品湿重的 0.25%~2%，调味品（胡椒、花椒、桂皮等）用量为产品湿重的 0.25%~0.5%，亚硝酸盐用量为 10kg 鲜肉中加约 30g。可用手工拌和，也可用搅拌机拌和。但拌和时间不宜太长，以保证低温制作要求。

（3）腌制。若使用冰箱制作羊肉鲜香肠，可不进行腌制或经轻度腌制后进行灌装，放入冰箱中快速冷冻贮存。若不使用冰箱，应将肉馅同辅料拌匀后于 4℃~10℃ 下腌制 2~24h。

（4）灌装。可用多用绞磨机，把肠衣套在灌装筒嘴上，将拌匀的肉馅装入灌装器内，摇动绞磨机手柄进行灌装。然后用粗线将香肠结扎成 10cm 左右的小段。

（5）熏制。将香肠吊挂在烟熏房内，用硬质木材或木屑作为烟熏燃料，山核桃木为最佳烟熏燃料。室温 65℃~70℃，烟熏时间 10~24h，以使香肠中心温度达 50℃~65℃ 为宜。

（6）检验和包装。根据产品品质标准，对终末产品进行严格检验后包装。合适的包装有利于长期保存和销售。

2. 腊羊肉的制作

剔除羊肉的脂肪膜和筋腱，顺羊肉条纹切成长条状。按 100kg 羊肉配料：食盐 5kg、白砂糖 1kg、花椒 0.3kg、白酒 1kg、五香料 100g 调匀，均匀地涂抹在肉条表面，入缸内腌制 3~4 天，中途翻缸 1 次。出缸后用清水洗去辅料，穿绳挂晾至外表风干，入烘房烘至干硬，也可自然风干，即为成品。

七 羊肉的烹调和加工

山羊肉不仅可烹制成多种多样的美味佳肴，还有滋补作用，现介绍几种羊肉烹制技术。

1. 大众羊肉火锅

取山羊肉 1~1.5kg。白萝卜 500g、包心白菜 250g、芫荽 50g、大蒜段 50g，酱油、茶油、葱段、姜片、肉桂、大料、橘皮、花椒、味精、精盐、干辣椒（不吃辣味的可不放）适量。

将山羊肉洗干净，切成核桃块，开水焯一下捞出沥干水分。用炖锅，重新加清水煮开，上微火炖至六成烂，炖时锅中放几片橘子皮和适量肉桂、大料等去膻增香。回锅，旺火、热锅、打底油、炸大料、放干辣椒段和花椒（不吃辣味可不放或少放），捞出炖羊肉回油锅，倒酱油、下精盐，肉成酱色后，再放上全部原汤，文火炖至八成烂，起锅，盛入盆中存用。临吃时，将白萝卜切成方块，热锅，打点底油，将萝卜先炒一下，然后放入火锅底，再放上回锅羊肉煮烂，上餐桌前再加味精、胡椒粉、葱段、姜片等，并随意涮上些白菜、芫荽，吃完再续。

特点：冬令时菜，极浓香。

2. 涮羊肉

细嫩部位的羊肉1kg。配料用火锅底料200g（市上有售），水发粉丝、豆腐、包心菜、韭菜花。调料：酱油、醋、芝麻酱、精盐、葱、姜花、胡椒粉、味精、香油、辣椒油等。把不带皮的山羊肉洗净，放在冰箱中冻硬后，取出切成薄片和水发粉丝、豆腐、包心菜、韭菜花等一起放在盘里待用。食者先用小碗自己配制调味料，根据口味，多少任取。涮锅中放入火锅底料，加上各种作料，放适量水，盖上盖，将烧红的木炭夹在火锅炉膛内或炉子上，也可用电火锅。火旺汤开开盖，用筷子夹羊肉片放在汤里搅散。略煮，肉变色，夹出蘸点配好的调料食用。水发粉丝、豆腐、白菜等，随意涮食，以调口味。汤少时可随时加入开水。

特点：肉质鲜嫩，不腻不膻。

3. 清炖羊肉

羊腰窝肉500g。酱油、茶油、葱段、姜片、大料、肉桂、面酱、料酒、味精等适量。将羊肉洗净，切成4cm方块，用开水焯过，捞出，沥净水分。旺火，热锅、打底油，大料炝勺，放葱、姜、面酱，下羊肉煸炒几遍，烹料酒、酱油，下盐，清水适量。将花椒用纱布包起，下锅，烧开10min，把锅盖盖严，上微火炖2h，炖烂，取出花椒，出锅。

特点：肉烂，汤味美。

4. 红烧羊肉

羊肉500g。酱油、料酒、味精、精盐、茴香、肉桂、姜片、白糖各适量。吃辣椒的可少放白糖，加干辣椒段适量。洗净羊肉，再在沸水中烫去杂物，冲洗净。切成小块，下锅，加入料酒、姜片、茴香、肉桂略炒，加适量水或汤，烧至六成熟时，加入酱油和糖，烧熟。如果喜欢吃辣味的，再加上干辣椒段一起烧，最后加入大蒜即成。

特点：色泽金黄，肉烂味香。

5. 炒羊肉片

新鲜羊肉200g。水发木耳50g、水发玉兰片50g、黄瓜片30g；料酒、酱油、花椒油、香油、盐、味精、葱末、姜末、芡粉、鸡汤或肉汤适量，喜欢吃辣椒的可加干辣椒段或红椒或青椒。将羊肉洗净，切成长方形的片状肉，片厚 0.3cm，用开水焯一下，捞出备用。旺火、热锅、打底油，下羊肉片煸炒，肉片变色后，加少许盐，再加少许油、葱末，烹料酒、酱油，倒入黄瓜片、玉兰片、木耳，下盐、味精，加汤、水淀粉勾芡，淋花椒油，颠翻出锅，装盘即成。喜食辣椒者，可在羊肉片煸炒、肉片变色后，下干辣椒段或红椒或青椒，再加少许油，以后下锅的配料、调料同上。

特点：肉片鲜嫩，味道上乘。

6. 手抓羊肉

带骨羊肉 1500g。胡萝卜 100g，土豆 100g。盐 6g、花椒 20 粒、大料 3 瓣、葱 5g、姜3g。羊肉洗净、切块，胡萝卜、土豆切条，葱切段，姜拍破。肉放锅内煮，撇去浮沫，加盐、花椒、大料、葱、姜，煮至八成烂时，拣去调料，加胡萝卜、土豆，煮熟即可。

特点：汤清肉烂，鲜香可口。

7. 炖羊肚汤

取羊肚 1 个，切薄片，加白术 2g、党参 1.5g、山药 30g，入锅中炖熟后，弃去白术、党参，即可食用。

特点：药膳，有补中气、健脾胃之功效。

山羊皮加工和贮藏

山羊屠宰后剥下的鲜皮称为"生皮"，生皮不能直接送往制革厂进行加工，需要保存一段时间。为了避免发生腐烂，便于贮藏和运输，必须进行初加工。其方法很多，主要有清理和防腐两个过程。

1. 清理

除去鲜皮上的污泥、粪便；再用铲皮刀或削肉机除去皮上的残肉和脂肪，割去蹄、耳、唇等；然后用湿布巾擦去皮上的脏物和血液等，但不能用水洗，因为水洗后的生皮，失去油润光泽，成为品质差的"水浸皮"。

2. 防腐

鲜皮中含有大量的水分和蛋白质，很容易造成自溶和腐败，必须在清理以后进行防腐贮藏，主要有 3 种方法。

（1）干燥法。即把鲜皮肉面向外展平，挂在通风或较弱阳光下使其自然晾干，避免在强烈的阳光下暴晒，简便易行，但容易返潮腐败或遭受虫蛀，过分干燥的皮变脆易折。因此，干燥后的羊皮最好尽早打捆，送交收购加工部门妥善保存。

（2）盐腌法。盐腌法是防腐最普通又可靠的方法，可分为以下两种。

①干盐腌法：将清洁干燥的盐均匀撒在展平鲜皮的肉面上，盐的用量约为皮重的30%。盐先溶解于皮板表面的水中，再逐渐渗入皮内，把其中自由水分排到皮表面上，水又溶解盐，形成的盐液又渗入到皮内，这种溶解和渗入的过程连续进行，直到皮内和皮外盐液浓度相等，即平衡，然后在该皮上面再铺上另一张鲜皮，做同样的处理，这样层层堆集，叠成高 1~1.5m 的皮堆。为了更好地保藏生皮，可加盐重 1%~1.5% 的防腐剂对氯二苯，或者盐重 2%~3% 的萘于盐中，约需 6 天时间。

②盐水腌法：经过初步处理并沥干水分的鲜皮，称重并按重量分类，然后将皮浸入盛有 25% 浓度以上的盐水的水泥池中，经一昼夜后取出，沥水 2h 以后，进行堆集，堆集时再撒皮重 25% 的干盐。为防止盐斑出现，可在盐中加入盐重 4% 的碳酸钠。

（3）盐干法。即将经过盐腌后的生皮进行干燥。优点是防腐力强，而且避免了生皮在干燥时发生硬化断裂等缺陷。经此法处理后的生皮，重量减轻 50% 左右，贮藏时间大为延长。缺点是干燥的胶原纤维束缩短，降低生皮质量。盐干皮吸潮性大，盐液流失后，也会引起腐败，应注意经常检查。

3. 贮藏

鲜皮干燥后，应贮存在通风良好的贮藏室内，室内气温不超过 25℃，相对湿度 60%~70%，并注意防虫蛀和老鼠咬。

 九 剥取和晾晒猾子皮

宰杀山羊羔时，用左手捏住羊头，右手持刀，从羔羊喉管刺进直点心脏，然后倒挂于铁钩上，放净血液。由尾部开始直线挑到嘴巴，再由后肢蹄冠处挑至肛门，前肢蹄冠处沿膝骨正中直线挑至前胸。剥皮时，用左手控住羊体，右手拇指嵌入肌肉与皮肤之间轻轻拉开，依次剥到下腹直至后肢，割断蹄骨，左右两侧相同。这样由前胸至臀部及后肢的皮肤与胴体已分离。然后倒过来，剥至前肢，割断蹄骨，再剥至颈部，稍用力一拉，耳根突出，再用刀割断耳根，挑开眼皮和嘴唇皮，使全皮脱离胴体。剥皮时，用力要均匀，皮上若带有肉屑和黏膜，需用手指轻轻剥去或用刀刮净。

猾子皮剥下后，即用钉子钉在木板上，毛面向内，板面朝外，从边缘用小铁钉平整地钉在木板上，置于户外晒干（勿暴晒），干后取下压平。钉板形状要求，前肢向上直伸，后肢向下直伸。

十 肠衣的初加工

1. 原肠的加工准备

（1）原肠的品质要求无羊粪，色泽新鲜，大、小头齐全，不带破损、漏洞，长度不少于 13m。老头羊肠、小山羊肠、痘肠、沾有粪便、泥沙、锈斑、污染腐败的肠不能用。

（2）清洗。开膛后，先找到小肠与大肠连接处将肠割断，扎紧口子，一手抓住小肠轻轻扯，使油和肠分开，一直拉到幽门连接处割断，用力要均匀，防止小肠拉断，应保持清洁，及时倒净粪便。倒粪时，将小肠一头口子朝下，轻轻地把粪挤出肠外，不要让粪便污染肠壁，否则很难洗净。粪便排净后，解开另一头扎绳，套在自来水龙头上，灌水冲洗干净，撒上纯盐，即可出售。

（3）浸泡。将原肠浸泡在清洁温水中，春、秋季水温在 28℃ 左右，冬季水温在 33℃ 左右，夏季凉水浸泡，天气炎热时可加冰块，浸泡时间为 18~24h，浸泡时肠中灌入温水。

2. 光肠的加工

（1）刮肠。将浸泡后的原肠内壁向外放在平整木板上用竹板、无刃刮刀或刮肠机刮去肠的黏膜层和肌肉层，直至肠衣呈透明薄膜状为止，刮下的黏膜液收集起来用以加工肝素钠。

（2）灌水。灌水冲洗刮后的肠衣，并检查和割去破损部分。

（3）量码。按肠衣口径大小分为 6 路：1 路 22mm 以上，2 路 20~22mm，3 路 18~20mm，4 路 16~18mm，5 路 14~16mm，6 路 12~14mm。每 100 码合为一把，即肠衣长度平均为 93m（92~95m），1~5 路每把不超过 18 节，6 路每把不超过 20 节，每节不短于 1m。

（4）腌渍。将分把的肠衣摊开均匀地撒上精盐（每把用盐 0.6kg），然后放在竹筛内，腌制 12~13h，沥出盐水。这时便可进行成品加工，也可以半成品销售。

3. 净肠的加工

（1）浸漂洗涤。将盐渍后的肠衣缠把，即成"光肠"半成品。将其浸在清水中，反复换水洗净（水温不应过高）。

（2）灌水分路。在洗后的"光肠"内灌水，检查有无破损，同时按肠衣的口径和规格分路扎把。

（3）腌肠缠把。在分路扎把的肠衣上撒上精盐腌制，待沥干水分后，再缠成把，即为"净肠"成品。

4. 肠衣品质鉴别

（1）色泽。盐渍山羊肠衣以白色及灰色为佳，灰褐色、青褐色及棕黄色者为二等品。

（2）气味。不得有腐味和腥味。

（3）质地与厚薄。山羊肠衣厚而坚韧，透明均匀为上品；厚薄均匀而质地松软者较次；凡带有显著的筋络（俗称麻皮）者为次等品。

（4）其他。肠衣不能有损伤破裂、砂眼、硬孔、寄生虫齿痕与局部腐蚀等，小砂眼周围肠衣仍未破坏的称为硬孔，尚无大碍。如肠衣磨薄，称为软孔，就不宜用。肠衣内不得含有铁质亚硝酸盐、碳酸钙及氯化物等，因这类物质不仅能损害肠质，并有碍卫生，需注意。

 十一 开发其他副产品

1. 羊骨

羊骨可生产骨胶原、骨胶、骨灰分、骨灰和骨粉。从羊骨中提炼的脂肪是重要的工业用脂肪。羊骨粉是饲料的原料和肥料。

2. 羊血

羊血的干物质含量约为18%，其中含蛋白质约为90%。大多数血被用于生产血粉作为畜禽饲料。在食品工业方面，羊血可用来生产黑布丁、血香肠、糕点、血饼、面包、冰激凌和乳酪等。在医药工业和轻工业方面，主要用来生产黏合剂、复合杀虫剂、皮革面漆、泡沫灭火剂和化妆品等。

3. 羔羊皱胃

1~3日龄羔羊皱胃中的凝乳酶和胃蛋白酶是制造干酪、酪素及医药工业的重要原料。

4. 瘤胃内容物

瘤胃内容物约含蛋白质18%和脂肪2%~3%，无机盐和B族维生素含量丰富。浓缩或干燥处理后的瘤胃内容物可喂猪、牛和羊。

5. 软组织、下水和胆汁

软组织可用来加工咸肉粉，用作畜禽和观赏动物的饲料，以及提取羊油用作轻工业原料。下水既可供人们食用，也可用于生产肉粉作为畜禽饲料。

羊的胆汁是医药工业的重要原料。当胆汁含75%左右的干物质时，可较长期保存。在实际生产中，胆囊多被丢弃，很可惜，应收集起来，风干后交收购加工部门。

参 考 文 献

［1］ 冯维祺，马月辉，陆离. 肉羊高效益饲养技术［M］. 北京：金盾出版社，2003.

［2］ 黄勇富. 无公害山羊标准化生产［M］. 北京：中国农业出版社，2006.

［3］ 刘明山. 波尔山羊养殖技术［M］. 北京：中国林业出版社，2004.

［4］ 权凯. 肉羊标准化生产技术［M］. 北京：金盾出版社，2011.

［5］ 宋清华. 山羊养殖技术［M］. 成都：电子科技大学出版社，2010.

［6］ 张德寿，朱秀琴. 常见羊病防治［M］. 北京：中国农业出版社，1999.

［7］ 张坚中. 怎样养山羊［M］. 北京：金盾出版社，2003.

［8］ 张文，王志富. 肉用羊圈养与羊病防治技术［M］. 北京：科学技术文献出版社，2010.